分数阶微分方程的解析解研究

郭元伟 著

中国原子能出版社

图书在版编目（CIP）数据

分数阶微分方程的解析解研究 / 郭元伟著． -- 北京：
中国原子能出版社，2021.11
ISBN 978-7-5221-1818-5

Ⅰ．①分… Ⅱ．①郭… Ⅲ．①微分方程－研究 Ⅳ．
① O175

中国版本图书馆 CIP 数据核字（2021）第 256436 号

分数阶微分方程的解析解研究

出版发行	中国原子能出版社（北京市海淀区阜成路 43 号 100048）	
责任编辑	杨晓宇	
责任印制	赵明	
印　　刷	天津和萱印刷有限公司	
经　　销	全国新华书店	
开　　本	787 毫米×1092 毫米　1/16	
印　　张	10.875	
字　　数	184 千字	
版　　次	2023 年 1 月第 1 版	
印　　次	2023 年 1 月第 1 次印刷	
标准书号	ISBN 978-7-5221-1818-5	
定　　价	68.00 元	

网址：http//www.aep.com.cn　　　　E-mail:atomep123@126.com
发行电话：010-68452845　　　　　　版权所有　翻印必究

作者简介

郭元伟，1983 年 10 月出生，河南林州人，现就职于太原学院，讲师职称．主要研究方向：分数阶微分方程理论及应用、模糊微分方程理论及应用、非线性积分理论等．主讲课程：高等数学、概率论与数理统计（高考数学）等．参加工作以来，多次荣获优秀教师等荣誉称号．

前　言

　　分数阶微分算子因为可以简洁、准确地描述具有历史记忆性和空间全域相关性等力学与物理过程，且分数阶导数建模简单、参数物理意义清楚、描述准确，因而成为复杂力学与物理过程数学建模的重要工具之一.近年来分数阶导数已成为描述各类复杂力学与物理行为的重要工具，因而分数阶微分方程的数值算法研究也备受关注.

　　在分数阶常微分方程的数值计算方面，比较成熟高效的算法是预估—校正法，而在分数阶偏微分方程的数值计算中，有限差分法依然占有主导地位，同时有限差分法与有限元法、无网格方法等相结合，可以获得许多高精度稳定算法，这也是现在和将来算法研究的热点.同时，与时间分数阶微分方程的算法进展相比，空间分数阶微分方程的数值算法更不成熟.有限元、有限体积和有限差分等占统治地位的空间偏导数离散方法本质上是局部支持的算法，应用于计算非局部的分数阶空间微分方程存在困难.现阶段，有限差分法主要应用于数值求解一维空间分数阶微分方程，二维与三维问题的求解还少见报道.另外，变导数方程的数值算法研究很少，相关的学术文章数量还是个位数，是分数阶导数方程数值算法研究的新领域.目前，分数阶微分方程的数值算法研究近年来虽然取得一些进展，但还不成熟，还存在较多的困难和尚未解决的问题.基于既往的研究经验和知识，分数阶微分方程数值计算研究的重点和方向有以下 5 个方面：（1）时间和空间分数阶微分方程的快速算法；（2）分数阶微分方程计算的基本计算数学理论；（3）高维空间分数阶拉普拉斯算子方程的离散算法；（4）变导数方程和分布式导数方程的数值算法研究；（5）分数阶导数方程的计算力学软件的开发.

基于此，笔者结合自己多年的教学实践与科研成果撰写了《分数阶微分方程的解析解研究》一书.本书以分数阶微分方程为研究对象，对其解析解的相关内容进行了详细而深入的研究.本书共6章，主要内容包括：绪论、分数阶微分方程的理论基础、分数阶积分与分数阶导数、分数阶偏微分方程、广义HUKUHARA微分和模糊分数阶微积分、基于结构元的模糊分数阶微积分.希望本书的出版为分数阶微分方程的科研进步贡献一份力量.

本书在撰写过程中，参考了大量的书籍和论文，在此对相关作者表示感谢！

鉴于"分数阶微分方程"这一新兴学科所涉及的内容广泛，又是多学科交叉渗透，加之作者水平所限，书中缺点和错误在所难免，恳请读者批评指正.

太原学院　郭元伟

2021年10月

目　录

第1章 绪 论

分数阶微分方程具有深刻的物理背景和丰富的理论内涵，近年来特别引人注目.分数阶微分方程指的是含有分数阶导数或者分数阶积分的方程.目前，分数阶导数和分数阶积分在物理、生物、化学等多个学科领域有着广泛的应用，如具有混沌动力行为的动力系统、拟混沌动力系统、复杂物质或者多孔介质的动力学、具有记忆的随机游走等.本绪论的目的是介绍分数阶导数的由来，然后介绍分数阶微分方程.由于篇幅所限，仅作一点概括性的介绍，但这已经足以说明分数阶微分方程（包括分数阶偏微分方程、分数阶积分方程）在各学科领域中的广泛应用，然而对分数阶微分方程的数学理论研究以及其数值解的研究都有待进一步深入.有兴趣的读者可以参阅相关的专著和文献.

1.1 分数阶导数的由来

整数阶导数以及积分的概念是大家所熟知的，导数 $\mathrm{d}^n y / \mathrm{d} x^n$ 描述了 y 变量关于 x 的变化程度，有着深刻的物理背景，现在的问题是：怎样将 n 推广到一般的分数，甚至是复数？

这一问题由来已久，可以追溯到 1695 年 L'Hôpital 给 Leibniz 的一封信，其中便问道：“当 $n = 1/2$ 时，$\mathrm{d}^n y / \mathrm{d} x^n$ 是什么？”同一年，在 Leibniz 给 J.Bernoulli 的信件中也提到了具有一般阶数的导数.这一问题也被 Euler，Laplace 等考虑过，并给出了相关的见解.1812 年，Laplace 利用积分给出了一个分数阶导数的定义.当 $y = x^m$ 时，利用 Gamma 函数，Lacroix 得到

1

$$\frac{\mathrm{d}^n y}{\mathrm{d}x^n} = \frac{\Gamma(m+1)}{\Gamma(m-n+1)} x^{m-n+1} , \quad m \geqslant n \tag{1.1.1}$$

并由此给出了当 $y = x$ ， $n = \dfrac{1}{2}$ 时的分数阶导数

$$\frac{\mathrm{d}^{1/2} y}{\mathrm{d}x^{1/2}} = \frac{2\sqrt{x}}{\sqrt{\pi}} \tag{1.1.2}$$

这和现在 Riemann-Liouville 的分数阶导数给出的结论是一致的.

稍后，Fourier 通过现在所谓的傅里叶变换给出了分数阶导数的定义.注意到函数 $f(x)$ 可以表示为双重积分

$$f(x) = \frac{1}{2\pi} \int_{-\infty}^{\infty} \int_{-\infty}^{\infty} f(y) \cos \xi(x-y) \mathrm{d}\xi \mathrm{d}y .$$

注意到

$$\frac{\mathrm{d}^n}{\mathrm{d}x^n} f(x) \cos \xi(x-y) = \xi^n \cos\left(\xi(x-y) + \frac{1}{2} n\pi \right),$$

并将 n 替换为一般的 v ，通过积分号下求导数的方法，则可以将整数阶导数推广到分数阶：

$$\frac{\mathrm{d}^v}{\mathrm{d}x^v} f(x) = \frac{1}{2\pi} \int_{-\infty}^{\infty} \int_{-\infty}^{\infty} f(y) \xi^v \cos\left(\xi(x-y) + \frac{1}{2} v\pi \right) \mathrm{d}\xi \mathrm{d}y .$$

考虑 Abel 积分方程

$$k = \int_0^x (x-t)^{-1/2} f(t) \mathrm{d}t , \tag{1.1.3}$$

其右端是定义了分数阶（1/2）积分的定积分， f 待定，Abel 在研究上述积分方程时将右端写为 $\sqrt{\pi} \dfrac{\mathrm{d}^{-1/2}}{\mathrm{d}x\mathrm{d}^{-1/2}} f(x)$ ，从而有 $\dfrac{\mathrm{d}^{-1/2}}{\mathrm{d}x\mathrm{d}^{-1/2}} k = \sqrt{\pi} f(x)$.

此式表明，一般情况下常数的分数阶导数不再是零.

可能是受到 Fourier 和 Abel 的启发，Liouville 于 19 世纪 30 年代在分数阶导数方面做了一系列的工作，并成功地将其理论应用到位势理论中，由于

$$D^m e^{ax} = a^m e^{ax} ,$$

Liouville 将其导数推广到任意的阶数（v 可以为有理数、无理数、甚至是复数）：

$$D^v e^{ax} = a^v e^{ax} . \qquad (1.1.4)$$

如果函数 f 可以展成无穷级数的形式：

$$f(x) = \sum_{n=0}^{\infty} c_n e^{a_n x} , \quad \mathrm{Re}\, a_n > 0 , \qquad (1.1.5)$$

则可以求其分数阶导数

$$D^v f(x) = \sum_{n=0}^{\infty} c_a^v e^{a_n x} . \qquad (1.1.6)$$

如果 f 不能展成式（1.1.5）的形式时又怎样求其分数阶导数呢？可能 Liouville 已经注意到了这样的问题，于是他利用 Gamma 函数给出了另一种表述.为了利用其基本假设（1.1.4），注意到

$$I = \int_0^\infty u^{a-1} e^{-xu} = x^{-a}\, \Gamma(a) ,$$

从而可以得到

$$D^v x^{-a} = \frac{(-1)^v}{\Gamma(a)} \int_0^\infty u^{a+v-1} e^{-xu}$$

$$= \frac{(-1)^v \Gamma(a+v)}{\Gamma a} x^{-a-v} , \quad a > 0 . \qquad (1.1.7)$$

至此，我们已经介绍了两类不同的分数阶导数的定义：一是 Lacroix 给出的关于 $x^a (a > 0)$ 的定义（1.1.1）；另一是由 Liouville 给出的关于 $x^{-a} (a > 0)$

的定义（1.1.7）.可以看出，利用 Lacroix 的定义，常数 x^0 的分数阶导数一般不再是零.如当 $m=0$，$n=\dfrac{1}{2}$ 时，

$$\frac{\mathrm{d}^{-1/2}}{\mathrm{d}x^{-1/2}}x^0 = \frac{\Gamma(1)}{\Gamma(1/2)}x^{-1/2} = \frac{1}{\sqrt{\pi x}}. \tag{1.1.8}$$

而在 Liouville 的定义中，由于 $\Gamma(0)=\infty$，可以看出常数的分数阶导数为零（尽管 Liouville 假设 $a>0$）.至于这二者之间哪个才是分数阶导数正确的形式，Center 指出整个问题可以归结为怎样确定 $\mathrm{d}vx_0/\mathrm{d}xv$；又正如 De Morgan 指出的，二者均可能是一个更广泛的系统的一部分.

现在被称为 Riemann-Liouville（R-L）分数阶导数的定义可能源于 N.Ya Sonin.他的出发点是 Cauchy 积分公式利用 Cauchy 积分公式，n 阶导数可以定义为

$$\mathrm{D}^n f(z) = \frac{n!}{2\pi i} \int_c \frac{f(\xi)}{(\xi - z)}\mathrm{d}\xi. \tag{1.1.9}$$

利用围道积分，可以得到如下的推广：

$$_c\mathrm{D}_x^{-v} f(x) = \frac{1}{\Gamma(v)} \int_c^x (x-t)^{v-1} f(t)\mathrm{d}t, \quad \mathrm{Re}v>0, \tag{1.1.10}$$

其中，常数 $c=0$ 是最常用的情形，称之为 Riemann-Liouville 分数阶积分，即

$$_0\mathrm{D}_x^{-v} f(x) = \frac{1}{\Gamma(v)} \int_0^x (x-t)^{v-1} f(t)\mathrm{d}t, \quad \mathrm{Re}v>0. \tag{1.1.11}$$

为了使该积分收敛，一个充分的条件是 $f(1/x)=O(x^{1-\varepsilon})$，$\varepsilon>0$.具有该性质的可积函数通常称为属于 Riemann 类的函数，当 $c=-\infty$ 时，

$$_{-\infty}\mathrm{D}_x^{-v} f(x) = \frac{1}{\Gamma(v)} \int_{-\infty}^x (x-t)^{v-1} f(t)\mathrm{d}t, \quad \mathrm{Re}v>0. \tag{1.1.12}$$

为了使积分收敛，一个充分的条件是当 $x \to \infty$ 时，$f(-x) = O(x^{-\nu-\varepsilon})$（$\varepsilon > 0$）.具有该性质的可积函数常称为属于 Liouville 类的函数.这样的积分还满足如下的指数法则：

$$_c D_x^{-\mu} {}_c D_x^{-\nu} f(x) = {}_c D_x^{-\mu-\nu} f(x).$$

当 $f(x) = x^a$（$a > -1$），$\nu > 0$ 时，由式（1.1.11）可知

$$_0 D_x^{-\nu} x^a = \frac{\Gamma(a+1)}{\Gamma(a+\nu+1)} x^{a+\nu},$$

利用链式法则 $D[D^{-\nu} f(x)] = D^{1-\nu} f(x)$，则可以得到

$$_0 D_x^{-\nu} x^a = \frac{\Gamma(a+1)}{\Gamma(a-\nu+1)} x^{a-\nu}, \quad 0 < \nu < 1, \ a > -1.$$

特别地，当 $f(x) = x$，$\nu = \frac{1}{2}$ 时，可以重新得到 Lacroix 的公式（1.1.2）；

当 $f(x) = x^0 = 1$，$\nu = \frac{1}{2}$ 时，又可以重新得到公式（1.1.8）（与前文 Liouville 给出的分数阶微分系统相吻合）.

另外，现在使用较多的还有 Weyl 分数阶积分的定义：

$$_x W_\infty^{-\nu} f(x) = \frac{1}{\Gamma(\nu)} \int_x^\infty (t-x)^{\nu-1} f(t) \mathrm{d}t, \quad \mathrm{Re}\,\nu > 0. \tag{1.1.13}$$

从 R-L 分数阶积分的定义（1.1.12）出发，作变换 $t = -\tau$ 可以得到

$$_{-\infty} D_x^{-\nu} f(x) = -\frac{1}{\Gamma(\nu)} \int_\infty^{-x} (x+t)^{\nu-1} f(-t) \mathrm{d}t.$$

再作变换 $x = -\xi$，可以得到

$$_{-\infty} D_{-\xi}^{-\nu} f(-\xi) = -\frac{1}{\Gamma(\nu)} \int_\xi^{-x} (t-\xi)^{\nu-1} f(-t) \mathrm{d}t.$$

记 $f(-\xi)=g(\xi)$，则可以得到 Weyl 分数阶积分定义（1.1.13）的右端表达式.

1.2 分数阶微分方程的一些应用

本节介绍分数阶微分方程在黏弹性力学、生物、控制论、统计等应用学科中的应用.由于本书自身的特点，本节仅作较为粗略的介绍，有兴趣的读者可以参考进一步的文献.

黏弹性力学是分数阶微分方程应用极为广泛的学科之一，已有大量的文献发表.利用分数阶导数来描述黏弹性材料是很自然的，原因之一是聚合材料在工程中的大量应用.在材料力学中，应力和应变之间有如下关系：对于固体而言，Hooke 定律表明

$$\sigma(t) = E\varepsilon(t) ,$$

对于牛顿流体而言，

$$\sigma(t) = \eta \frac{\mathrm{d}\,\varepsilon(t)}{\mathrm{d}\,t} .$$

这二者都不是普适的法则，它们仅是理想固体和理想流体的数学模型（然而"理想"的东西在现实中是不存在的！）.事实上，一般的材料介于这两种极限情形之间；将这二者结合有两种基本的方法：其一是"串联"，由此给出了黏弹性力学的 Maxwell 模型；其二是"并联"，由此得到了 Voigt 模型.

在 Maxwell 模型中，应力和应变之间可描述为

$$\frac{\mathrm{d}\varepsilon}{\mathrm{d}t} = \frac{1}{E}\frac{\mathrm{d}\sigma}{\mathrm{d}t} + \frac{\sigma}{\eta} ,$$

如果应力 σ 为常数，则 $\mathrm{d}\varepsilon/\mathrm{d}t$ 为常数，从而应变将无穷增长，与实际的实验观察不符.

在 Voigt 模型中，二者之间可以描述为

$$\sigma = E\varepsilon + \eta\frac{\mathrm{d}\varepsilon}{\mathrm{d}t}.$$

如果应变ε为常数，则应力σ也为常数，从而与实验观察的应力松弛不符.为了修正这二者的不足，将二者结合可以得到如下的模型：

Kelvin 模型

$$\frac{\mathrm{d}\sigma}{\mathrm{d}t} + \alpha\sigma = E_1\left(\frac{\mathrm{d}\varepsilon}{\mathrm{d}t} + \beta\varepsilon\right);$$

Zener 模型

$$\frac{\mathrm{d}\sigma}{\mathrm{d}t} + \beta\sigma = \alpha\eta\frac{\mathrm{d}\varepsilon}{\mathrm{d}t} + \beta E_1\varepsilon.$$

Kelvin 模型和 Zener 模型都能给出较好的定性描述，然而在定量描述方面却不尽如人意.为此，有许多更为复杂的模型提出，最一般的形式可以写为如下方程：

$$\sum_{k=0}^{n} a_k\frac{\mathrm{d}^k\sigma}{\mathrm{d}t^k} = \sum_{k=0}^{m} b_k\frac{\mathrm{d}^k\varepsilon}{\mathrm{d}t^k}.$$

在固体材料中，应力和应变的零阶导数成比例；在流体中应力和应变的一阶导数成比例.很自然地可以这样认为（如 Scott-Blairl）：在黏弹性这样的"中间"材料中，应力可能与应变的"中间"导数成比例：

$$\sigma(t) = E_0\, \mathrm{D}_t^{\alpha}\,\varepsilon(t) \quad (0 < a < 1)， \tag{1.2.1}$$

其中，a 依赖于材料的性质，几乎与此同时，Gerasimov 提出了形变基本法则的一个推广，利用 Caputo 分数阶导数可以写为

$$\sigma(t) = k_{-\infty}\, \mathrm{D}_t^{\alpha}\,\varepsilon(t) \quad (0 < a < 1)， \tag{1.2.2}$$

利用分数阶导数，还可以得到如下推广的模型：

推广的 Voigt 模型

$$\sigma(t) = b_0\varepsilon(t) + b_1\, \mathrm{D}^{\alpha}\,\varepsilon(t);$$

推广的 Maxwell 模型

$$\sigma(t) + a_1 D^\alpha \sigma(t) = b_0 \varepsilon(t) ;$$

推广的 Zener 模型

$$\sigma(t) + a_1 D^\alpha \sigma(t) = b_0 \varepsilon(dt) + b_1 D^\beta \varepsilon(t) ;$$

推广的高阶模型

$$\sum_{k-0}^{n} a_k D^{a_k} \sigma(t) = \sum_{k-0}^{n} b_k D^{\beta_k} \varepsilon(t) .$$

分数阶导数在统计中也有大量的应用.假设现在需要模拟钢丝的"遗传效应"对钢丝力学性质的影响.为了说明经典回归模型的一些不足，我们考虑钢丝力学性质改变的两个主要阶段及其性质.

阶段一：在钢丝安装后的一段时间内，可以观测到其性能的提高.

阶段二：性能逐渐减退，变得越来越糟糕，直到最后报废.

性质：性能提高的阶段要比衰退的阶段短，一般说来二者是不对称的.

在经典的回归模型中，线性回归能很好地描述第二阶段，但不能很好地描述性能提高的阶段；二阶回归提供了对称的回归曲线，但与其物理背景却不很吻合.高阶的多项式回归能够较好地给出在其测量时间区间内的插值，但却不能很好地预测钢丝性能的变化.当然在实际的问题中，还可以利用指数回归模型、Logistic 回归模型等.这里我们要介绍的是利用分数阶导数所给出的模型.

考虑 n 个实验测量值 y_1，y_2，$\cdots$，y_n，

设插值函数 $y(t)$ 满足如下的分数阶积分方程：

$$y(t) = \sum_{0}^{m-1} a_k t^k - a_{m0} D_t^{-a} y(t) \quad (0 < \alpha \leqslant m) ,$$

其中，a，$a_k(k=0，\cdots，m)$ 为待定参数，m 是不小于 a 的最小整数.该问题最终将导出如下的分数阶初值问题：

$$\begin{cases} {}_0\mathrm{D}_t^a z(t) + am^z(t) = -a_m \sum_{k=0}^{m-1} a_k t^k, \\ z^{(k)}(0) = 0, k = 0, \cdots, m-1, \end{cases} \quad (1.2.3)$$

其中 $z(t) = y(t) - \sum_0^{m-1} a_k t^k$ 是未知函数.

还有一些在各个领域中比较重要的分数阶偏微分方程，下面仅列举目前较为活跃的一些.

（1）时空分数阶扩散方程

$$\begin{cases} \dfrac{\partial^a u(x,t)}{\partial t^a} = \mathrm{D}_x^\beta u(x,t), 0 \leqslant x \leqslant L, 0 < t \leqslant T \\ u(x,0) = f(x), 0 \leqslant x \leqslant T \\ u(0,t) = u(L,t) = 0, \end{cases}$$

其中，$\mathrm{D}_x^\beta (1 < \beta \leqslant 2)$ 为 Riemann-Liouville 分数阶导数：

$$\mathrm{D}_x^\beta u(x,t) \begin{cases} \dfrac{1}{\Gamma(2-\beta)} \dfrac{\partial^2}{\partial x^2} \int_0^x \dfrac{u(\xi,t)\mathrm{d}\xi}{(x-\xi)^{\beta-1}}, 1 < \beta < 2 \\ \dfrac{\partial^2 u(x,t)}{\partial x^2}, \beta = 2 \end{cases}$$

而 $\partial^\alpha / \partial t^\alpha (0 < \alpha \leqslant 1)$ 则定义为 Caputo 分数阶导数：

$$\dfrac{\partial^a u(x,t)}{\partial t^a} \begin{cases} \dfrac{1}{\Gamma(1-\beta)} \int_0^t \dfrac{\partial u(x,\eta)}{\partial \eta} \dfrac{\mathrm{d}\eta}{(t-\eta)^a}, 0 < a < 1 \\ \dfrac{\partial u(x,t)}{\partial t}, a = 1 \end{cases}$$

显然，当 $\alpha = 1$，$\beta = 2$ 时，该方程即为经典的扩散方程（热传导方程）

$$\dfrac{\partial u(x,t)}{\partial t} = \dfrac{\partial^2 u(x,t)}{\partial x^2}$$

当 $\alpha < 1$ 时，该方程的解不再是 Markov 过程，而将依赖于之前所有时刻的行为.

（2）分数阶 Navier-Stokes 方程

$$\begin{cases} \partial_t u + (-\Delta)^\beta u + (u \cdot \nabla)u - \nabla p = 0 , & \text{在 } \mathbf{R}_+^{1+d} , \\ \nabla \cdot u = 0 , & \text{在 } \mathbf{R}_+^{1+d} , \\ u|_{t=0} = u_0 , & \text{在 } \mathbf{R}^d , \end{cases}$$

其中，$\beta \in (1/2, 1)$.当考虑分数阶导数时，还可以得到如下的分数阶 Navier-Stokes 方程：

$$\begin{cases} \dfrac{\partial^a}{\partial t^a} u + (u \cdot \nabla)u = -\dfrac{1}{\rho}\nabla p + v\Delta u , \\ \nabla \cdot u = 0 , \end{cases}$$

其中，$\partial^\alpha / \partial t^\alpha (0 < \alpha \leqslant 1)$ 定义为 Caputo 分数阶导数.

（3）分数阶 Burger's 方程

$$u_t + (-\Delta)^a u = -a \cdot \nabla(u^r) ,$$

其中，$a \in \mathbf{R}^d$，$0 < \alpha \leqslant 2$，$r \geqslant 1$.

（4）半线性分数阶耗散方程

$$u_t + (-\Delta)^\alpha u = \pm v |u|^b u .$$

（5）分数阶传导——扩散方程

$$u_t + (-\Delta)^\alpha u = a \cdot \nabla(|u|^b u) , \quad a \in \mathbf{R}^d / \{0\} .$$

（6）分数阶 MHD 方程

$$\begin{cases} \partial_t u + u \cdot \nabla u - b \cdot \nabla b + \nabla P = -(-\Delta)^a u, \\ \partial_t b + u \cdot \nabla b - b \cdot \nabla u = -(-\Delta)^\beta b, \\ \nabla \cdot u = \nabla \cdot b = 0. \end{cases}$$

第2章 分数阶微分方程的理论基础

2.1 一些特殊函数的定义和性质

本节介绍本书用到的一些特殊函数.

2.1.1 Gamma 函数

分数阶计算的基本函数之一是 Gamma 函数 $\Gamma(z)$.Gamma 函数是广义的阶乘 $n!$,且也允许 n 取非整数,甚至取复数值.

定义 2.1.1 第二类 Euler 积分

$$\Gamma(z) = \int_0^{+\infty} x^{z-1} \mathrm{e}^{-x} \mathrm{d}x , \quad \mathrm{Re}(z) > 0, \tag{2.1.1}$$

称为 Gamma 函数,这里 z 是一个复数,$\mathrm{Re}(z)$ 表示取其实部的值.

利用分部积分,Gamma 函数具有下列递推公式:

$$\Gamma(z+1) = z\Gamma(z), \quad \mathrm{Re}(z) > 0. \tag{2.1.2}$$

如果 $-n < \mathrm{Re}(z) \leqslant -n+1$(这里 n 是一正整数),那么

$$\Gamma(z) = \frac{\Gamma(z+n)}{(z)_n} = \frac{\Gamma(z+n)}{z(z+1)\cdots(z+n-1)}. \tag{2.1.3}$$

Gamma 函数的性质:

(1)$\Gamma(0) = 1$,且对于任意正整数 n,有 $\Gamma(n) = (n-1)!$;

(2)对于任意正整数 n,有

$$\Gamma(x+n) = (z)_n \Gamma(z),$$

$$\Gamma(x-n)=\frac{\Gamma(z)}{(z-n)}=\frac{(-1)^n}{(1-z)_n}\Gamma(z),\quad z\neq1,\ 2,\ 3,\ \cdots;$$

（3）$\Gamma(1/2)=\sqrt{\pi}$.

2.1.2　Beta 函数

在许多情况，利用 Beta 函数代替 Gamma 函数值的某些组合更方便.Beta 函数通常定义为以下形式.

定义 2.1.2　第一类 Euler 积分

$$B(z,\ \omega)=\int_0^1 x^{z-1}(1-x)^{\omega-1}dx,\ \ Re(z)>0,\ \ Re(\omega)>0,\qquad（2.1.4）$$

称为 Beta 函数.

Beta 函数与 Gamma 函数有如下关系式：

$$B(z,\ \omega)=\frac{\Gamma(z)\Gamma(w)}{\Gamma(z+w)}.\qquad（2.1.5）$$

借助于 Beta 函数，可以建立 Gamma 函数的下列两个重要关系.

第一个重要关系是

$$\Gamma(z)\Gamma(1-z)=\frac{\pi}{\sin(\pi z)}.\qquad（2.1.6）$$

第二个重要关系是 Legendre 公式：

$$\Gamma(z)\,\Gamma(1+\frac{1}{2})=\sqrt{\pi}\,2^{2z-1}\Gamma(2z),\ 2z\neq0,\ -1,\ -2,\ \cdots.\qquad（2.1.7）$$

2.1.3　Mittag-Leffler 函数

指数函数 e^z 在整数阶的微分方程中起着非常重要的作用.Mittag-Leffler 函数是指数函数的推广，它在分数阶微分方程中起着重要作用.

定义 2.1.3　由级数

$$E_\alpha(z) = \sum_{k=0}^{\infty} \frac{z^k}{\Gamma(ak+1)}, \quad \alpha > 0 \qquad (2.1.8)$$

定义的函数 $E_\alpha(z)$，称为单参数 Mittag-Leffler 函数，更一般地，由级数

$$E_{\alpha,\beta}(z) = \sum_{k=0}^{\infty} \frac{z^k}{\Gamma(ak+\beta)}, \quad \alpha > 0, \ \beta > 0 \qquad (2.1.9)$$

定义的函数 $E_{\alpha,\beta}(z)$ 称为双参数形式的 Mittag-Leffler 函数.

显然，$E_\alpha(z) = E_{\alpha,1}(z)$.Mittag-Leffler 函数具有如下性质：

（1）$\displaystyle\int_0^{+\infty} \mathrm{e}^{-t}\, t^{\beta-1} E_{\alpha,\beta}(t^\alpha z)\mathrm{d}t = \frac{1}{1-z}, \quad |z| < 1,$

（2）函数 $z^{\beta-1}E_{\alpha,\beta}(z^\alpha)$ 的 Laplace 变换

$$\int_0^{+\infty} \mathrm{e}^{-pt}\, t^{\beta-1} E_{\alpha,\beta}(t^\alpha)\mathrm{d}t = \frac{p^{\alpha-\beta}}{p^\alpha-1}, \quad \mathrm{Re}(p) > 1, \qquad (2.1.10)$$

特别地，当 $\beta=1$，可以得到 Mittag-Leffler 函数的 Laplace 变换

$$\int_0^{+\infty} \mathrm{e}^{-p\xi} E_\alpha(\xi^\alpha)\mathrm{d}\xi = \frac{1}{p-p^{1-\alpha}}, \quad \mathrm{Re}(p) > 1. \qquad (2.1.11)$$

2.2　反常扩散与分数阶扩散对流

反常扩散现象在自然科学和社会科学中大量存在.事实上，许多复杂的动力系统通常都包含着反常扩散.在描述这些复杂系统时，分数阶动力学方程通常是一种有效的方法.这些方程包含扩散型的、扩散对流型的和 Fokker-Planck 型的分数阶方程.复杂系统通常有以下几个方面的特点：首先，系统中有大量的基本单元；其次，这些基本单元之间存在着强作用，或者随着时间的推移，其变化是不可预测地或者是反常地发展，往往和通常标准系统的发展有所偏离.这些系统现在已经大量地出现在物理、化学、工程、地质、生物、经济、

13

气象、大气等许多实际问题中.我们的目的不是系统地介绍反常扩散与分数阶对流扩散，而在于引出描述一些复杂系统的分数阶微分方程，更进一步的知识请读者参阅某些专著.

在经典的指数 Debye 模式中，系统的松弛通常满足关系：

$$\Phi(t) = \Phi_0 \exp(-t/\tau);$$

然而在复杂系统中，却往往满足 Kohlrausch-Williams-Watts 指数关系：

$$\Phi(t) = \Phi_0 \exp\left(-(t/\tau)^\alpha\right), \ 0 < \alpha < 1,$$

或者满足下述的渐近幂律：

$$\Phi(t) = \Phi_0 (1 + t/\tau)^{-n}, \ n > 0.$$

而且在实际的系统中，往往还可以观测到由指数律向幂律关系的转换.

与此类似,在许多复杂系统中的扩散过程不再遵循 Gauss 统计,从而 Fick 第二定律就不足以描述相应的输运行为.在经典的布朗运动中,可以观测到均方偏移对时间的线性依赖性：

$$\left\langle x^2(t) \right\rangle \sim K_1 t \tag{2.2.1}$$

而在反常扩散中，其均方偏移不再是时间的线性函数，常见的有幂律依赖性，即 $\left\langle x^2(t) \right\rangle \sim K_\alpha t^\alpha$.

根据反常扩散指数 α 的不同，可以定义不同的反常扩散类型.当 $\alpha = 1$ 时，为"正常"的扩散过程；当 $0 < \alpha < 1$ 时，具有非正常扩散指数，为亚扩散过程（色散的、慢的）；当 $\alpha > 1$ 时，为超扩散过程（增高的、快的）.

在具有或者不具有外力场的情形下，反常扩散过程已经有大量的研究结果，包括：

（1）分数阶布朗运动，可以追溯到 Benoit Mandelbrot；

（2）连续时间随机游走模型；

（3）广义扩散方程；

（4）Langevin 方程；

（5）广义 Langevin 方程；

……

其中，2 和 5 恰当地描述了系统的记忆行为以及概率分布函数的特殊形式，然而不足的是，不能够以直接的方式考虑外力场的作用、边值问题，或者在相空间考虑其动力学.

2.2.1　随机游走和分数阶方程

下面简单地介绍随机游走和分数阶扩散方程.考虑一维的随机游走.受检验的粒子在时间间隔Δt内随机地游走到它邻近的一个格点，其距离为Δx，这样的系统可由如下方程描述：

$$W_j(t + \Delta t) = \frac{1}{2} W_{j-1}(t) + \frac{1}{2} W_{j+1}(t),$$

其中，$W_j(t)$表示粒子在t时刻位于j位置的概率密度函数，系数$\frac{1}{2}$表示粒子的游走是各向同性的,即向左和向右游走一个单位的概率均是$\frac{1}{2}$.考虑其连续极限$\Delta t \to 0$，$\Delta x \to 0$，由 Talyor 展式可得

$$W_j(t + \Delta t) = W_j(t) + \Delta t\, \frac{\partial W_j}{\partial t} + O((\Delta t)^2),$$

$$W_{j\pm1}(t) = W(x，t) \pm \Delta x\, \frac{\partial W}{\partial x} + \frac{(\Delta x)^2}{2}\, \frac{\partial^2 W}{\partial x^2} + O((\Delta x)^3),$$

从而导致扩散方程

$$\frac{\partial W}{\partial t} = K_1 \frac{\partial^2}{\partial x^2} W(x,\ t), \quad K_1 = \lim_{\Delta x \to 0, \Delta t \to 0} \frac{(\Delta x)^2}{2\Delta t} < \infty. \quad (2.2.2)$$

由简单的偏微分方程知识可知，方程（2.2.2）的解可以表示为：

$$W(x,\ t) = \frac{1}{\sqrt{4\pi K_1 t}} \exp\left(-\frac{x^2}{4K_1 t}\right). \quad (2.2.3)$$

函数（2.2.3）通常称为传播子，即方程（2.2.2）的满足初值为 $W_0(x) = \delta(x)$ 的解.方程（2.2.2）的解满足指数衰减律：

$$W(x,\ t) = \exp(-K_1 k^2 t). \quad (2.2.4)$$

对于反常扩散，我们先考虑连续时间的随机游走模型.它主要基于如下思想：对于一次给定的跳跃(Jump)，其跳跃长度以及两次相邻跳跃之间的等待时间可以由一个跳跃概率密度函数 $\psi(x,\ t)$ 决定.跳跃长度概率密度函数和等待时间概率密度函数分别为

$$\lambda(x) = \int_0^\infty \psi(x,\ t)\mathrm{d}t, \quad \omega(t) = \int_{-\infty}^\infty \psi(x,\ t)\mathrm{d}x. \quad (2.2.5)$$

这里 $\lambda(x)\mathrm{d}x$ 可以理解为在 $(x, x + \mathrm{d}x)$ 区间内的跳跃长度的概率，而 $\omega(x)\mathrm{d}t$ 可以理解为在 $(t,\ t + \mathrm{d}t)$ 时间段内的跳跃等待时间的概率，容易看出，如果跳跃时间和跳跃长度是独立的，则 $\psi(x,\ t)=\omega(t)\lambda(x)$.不同的连续时间随机游走模型可以由特征等待时间

$$T = \int_0^\infty \omega(t)t\mathrm{d}t$$

和跳跃长度变差

$$\Sigma^2 = \int_{-\infty}^\infty \lambda(x)x^2\mathrm{d}x$$

是否有限或者发散共同决定，此时，一个连续时间随机游走模型可由如下方程描述：

$$\eta(x,\ t) = \int_{-\infty}^{\infty} d x' \int_{0}^{\infty} d t' \eta(x',\ t')\psi(x - x',\ t - t') + \delta(x)\delta(t),\qquad (2.2.6)$$

该方程将在 t 时刻就已经到达 x 位置的概率密度函数 $\eta(x,t)$ 和在 t' 时刻就已经到达 x' 位置这一事件联系起来.而方程右端第二项则表示初始条件.从而,在 t 时刻在 x 位置的概率密度函数 $W(x,\ t)$ 就可以表示为

$$W(x,\ t) = \int_{0}^{t} d t' \eta(x,\ t')\psi(t - t'),\ \psi(t) = 1 - \int_{0}^{t} d t'\omega(t').\qquad (2.2.7)$$

式（2.2.7）中各项可以这样理解：$\eta(x,\ t')$ 表示在 t' 时刻就已经到达 x 的概率密度函数，而 $\psi(t - t')$ 表示在 t 时刻还没有离开的概率密度函数，从而 $W(x,\ t)$ 表示 t 在 x 的概率密度函数.利用傅里叶变换和拉普拉斯变换，可以发现 $W(x,t)$ 满足下面的代数关系[5]：

$$W(k,\ u) = \frac{1 - \omega(u)}{u}\ \frac{W_0 k}{1 - \psi(k,u)},\qquad (2.2.8)$$

其中，$W_0(k)$ 表示初值 $W_0(x)$ 的傅里叶变换.

当 $\omega(t)$ 和 $\lambda(t)$ 独立，即 $\psi(x,\ t) = \omega(t)\lambda(x)$，且 T 和 $\sum^2$ 有限时，连续时间随机游走模型渐近等价于布朗运动.考虑 Poisson 等待时间概率密度函数 $\omega(t) = \tau^{-1}\exp(-t/\tau)$，且 $T = \tau$，和 Gauss 跳跃长度概率密度函数 $\lambda(t) = (4\pi\sigma^2)^{-1/2}\exp(-x^2/(4\sigma^2))$，$\sum^2 = 2\sigma^2$，则相应的拉普拉斯变换和傅里叶变换具有形式

$$\omega(u) \sim 1 - u\tau + O(\tau)^2,\ \lambda(k) \sim 1 - \sigma^2 k^2 + O(k^4).$$

考虑一种特殊情形——分数时间随机游走，它将导致描述亚扩散过程的分数阶扩散方程在此模型中，其特征等待时间 T 发散，跳跃长度方差 $\sum^2$ 有限.引入长尾等待时间概率密度函数，其渐近行为以及拉普拉斯变换分别渐近满足

$$\omega(t) \sim A_\alpha(\tau/t)^{1+\alpha},\ \omega(u) \sim 1 - (u\tau)^\alpha,$$

而$\omega(t)$的具体形式却无关紧要.又考虑到如上的 Gauss 跳跃长度概率密度函数$\lambda(x)$，可以得到概率密度函数满足

$$W(k,\ u) = \frac{\left[W_0(k)/u\right]}{1 + K_\alpha u^{-\alpha}k^2}. \tag{2.2.9}$$

利用分数阶积分的拉普拉斯变换

$$\pounds\{{}_0 D_t^{-p} W(x,\ t)\} = u^{-p} W(x,\ u),\ p \geqslant 0,$$

又注意到$\pounds\{1\}=1/u$，可以由式（2.2.9）得到分数阶积分方程

$$W(x,\ t) - W_0(x) = {}_0 D_t^{-\alpha}\ K_\alpha\ \frac{\partial^2}{\partial x^2} W(x,\ t). \tag{2.2.10}$$

引入时间导数$\frac{\partial}{\partial t}$，进而可以得到分数阶微分方程

$$\frac{\partial W}{\partial t} = {}_0 D_t^{1-\alpha}\ K_\alpha\ \frac{\partial^2}{\partial x^2} W(x,\ t), \tag{2.2.11}$$

其中，Riemann-Liouville 算子${}_0 D_t^{1-\alpha} = \frac{\partial}{\partial t}\,{}_0 D_t^{-\alpha}$（$0 < \alpha < 1$）定义为

$${}_0 D_t^{1-\alpha} W(x,\ t) = \frac{1}{\Gamma(a)} \frac{\partial}{\partial t} \int_0^t \frac{W(x,t')}{(t-t')^{1-\alpha}} \,\mathrm{d}t'. \tag{2.2.12}$$

由此定义中的积分核$M(t) \propto t^{\alpha-1}$可知，方程（2.2.11）中定义的亚扩散过程不具有 Markov 性，事实上，此时

$$\left\langle x^2(t) \right\rangle = \frac{2K_a}{\Gamma(1+a)} t^a.$$

方程（2.2.11）还可以写为其等价形式：

$${}_0 D_t^\alpha W - \frac{t^{-a}}{\Gamma(1-a)} W_0(x) = K_\alpha \frac{\partial^2}{\partial x^2} W(x,\ t),$$

其中，和通常的标准扩散过程相比，初值 $W_0(x)$ 不再具有指数衰减性质，而是具有幂律衰减[比较式(2.2.4)].

考虑另外一种特殊形式——Lévy 飞行(Lévy Flights).其中，特征等待时间 T 有限，而 $\sum^2$ 发散.模型具有 Poisson 等待时间，其跳跃长度满足 Lévy 分布，即

$$\lambda(k) = \exp(-\sigma^\mu |k|^\mu) \sim 1 - \sigma^\mu |k|^\mu, \quad 1 < \mu < 2, \qquad （2.2.13）$$

渐近满足

$$\lambda(x) \sim A_\mu \sigma^{-\mu} |x|^{-1-\mu}, \quad |x| \gg \sigma.$$

由 T 的有限性，此过程具有 Markov 特性，将式（2.2.13）中 $\lambda(k)$ 的渐近展式代入到关系式（2.2.8）可以得到

$$W(k, u) = \frac{1}{u + K^\mu |k|^\mu}, \qquad （2.2.14）$$

从而通过傅里叶变换和拉普拉斯变换可以导出分数阶微分方程

$$\frac{\partial W}{\partial t} = K^\mu {}_{-\infty}\mathrm{D}_x^\mu W(x, t), \quad K^\mu \equiv \sigma^\mu / \tau. \qquad （2.2.15）$$

此处 ${}_{-\infty}\mathrm{D}_x^\mu$ 为 Weyl 算子，在一维情形下等价于 Riesz 算子 ∇^μ.利用傅里叶变换，其传播子可以表示为

$$W(k, t) = \exp(-K^\mu t |k|^\mu).$$

如果 $\sum^2$ 和 T 均发散，则可以得到如下的分数阶微分方程

$$\frac{\partial W}{\partial t} = {}_0\mathrm{D}_t^{1-\alpha} K_\alpha^\mu \nabla^\mu W(x, t), \quad K_\alpha^\mu \equiv \sigma^\mu / \tau^\alpha. \qquad （2.2.16）$$

2.2.2　分数阶扩散对流方程

下面考虑分数阶扩散对流方程.在布朗运动情形下,当具有附加的速度场 v 或者在具有恒定的外力场的影响下时,系统可有如下的扩散对流方程描述:

$$\frac{\partial W}{\partial t} + v \frac{\partial W}{\partial x} = K_1 \frac{\partial^2}{\partial x^2} W(x,\ t).$$ 　（2.2.17）

在反常扩散中,此方程将不再成立.下面考虑几种常见的推广.

首先,注意到方程（2.2.17）是 Galilei 不变的,即问题在变换 $x \to x - vt$ 下是不变的.当考虑随着齐次速度场 v 移动的标架（参考系）时,检验粒子的随机游走的跳跃函数为 $\psi(x,\ t)$,相应地,在实验室标架下待检验粒子的跳跃函数则应为 $\Phi(x,\ t) = \psi(x - vt,\ t)$.

利用相应的傅里叶拉普拉斯变换可知 $\Phi(k,\ u) = \psi(k,\ u + ivk)$.

当 T 发散,而 $\sum^2$ 有限时,可以通过式（2.2.8）导出传播子

$$W(k,\ u) = \frac{1}{u + ivk + K_a k^2 u^{1-a}},$$ 　（2.2.18）

从而可导出分数阶扩散对流方程[比较式(2.2.11)]

$$\frac{\partial W}{\partial t} + v \frac{\partial W}{\partial x} = {}_0 D_t^{1-\alpha} K_\alpha \frac{\partial^2}{\partial x^2} W(x,\ t).$$ 　（2.2.19）

该方程的解可以通过对方程（2.2.11）的解作 Galilei 变换得到,即

$$W(x,\ t) = W_{v=0}(x - vt,\ t).$$

方程（2.2.19）的一些矩统计量为 Γ

$$\langle x(t) \rangle = vt,\quad \langle x^2(t) \rangle = \frac{2K_\alpha}{\Gamma(1+a)} t^\alpha + v^2 t^2,$$

$$\langle (\Delta x(t))^2 \rangle = \frac{2K_\alpha}{\Gamma(1+a)} t^\alpha.$$ 　（2.2.20）

可以看出，均方偏移 $\left\langle (\Delta x(t))^2 \right\rangle$ 仅包含分子的分布信息，一阶矩 $\left\langle x(t) \right\rangle$ 则

解释了沿速度场 v 的平移.这样的 Galilei 不变亚扩散可用来描述在流场中的粒子运动，其中流质本身具有亚扩散现象.

如果速度场 $v = v(x)$ 依赖于空间变量，假设

$$\Phi(x,\ t;\ x_0) = \psi(x - \tau_\alpha v(x_0),\ t), \qquad (2.2.21)$$

此时可以导出如下的分数阶微分方程：

$$\frac{\partial W}{\partial t} = {}_0\mathrm{D}_t^{1-\alpha} \left[-A_\alpha \frac{\partial}{\partial x} v(x) + K_\alpha \frac{\partial^2}{\partial x^2} \right] W(x,\ t). \qquad (2.2.22)$$

对于齐次的速度场，可以得到如下的分数阶微分方程：

$$\frac{\partial W}{\partial t} = {}_0\mathrm{D}_t^{1-\alpha} \left[-A_\alpha \frac{\partial}{\partial x} v + K_\alpha \frac{\partial^2}{\partial x^2} \right] W(x,\ t). \qquad (2.2.23)$$

可以证明，此时分数阶方程的解不满足 $W(x - v^* t^\alpha,\ t)$ 形式的 Galilei 变换.

此时方程的一些统计量为

$$\left\langle x(t) \right\rangle = \frac{A_\alpha^2 v t^\alpha}{\Gamma(1+\alpha)}, \quad \left\langle x^2(t) \right\rangle = \frac{2A_\alpha^2 v^2 t^{2\alpha}}{\Gamma(1+\alpha)} + \frac{2K_\alpha t^\alpha}{\Gamma(1+\alpha)}, \qquad (2.2.24)$$

此时一阶矩次线性增长.

对于有外速度场 v 情形时的 Lévy 飞行，即 T 有限而 $\sum^2$ 发散，可以导出分数阶微分方程

$$\frac{\partial W}{\partial t} + v \frac{\partial W}{\partial x} = K^\mu \nabla^\mu W(x,t), \qquad (2.2.25)$$

它可以用于描述具有发散的均方偏移的 Markov 过程.

2.2.3 分数阶 Fokker-Planck 方程

在具有外力场时,经典的扩散过程通常可以利用 Fokker-Planck 方程(FPE)描述:

$$\frac{\partial W}{\partial t} = \left[\frac{\partial}{\partial x} \frac{V'(x)}{m\eta_1} + K_1 \frac{\partial^2}{\partial x^2} \right] W(x,\ t), \qquad (2.2.26)$$

其中,m 为检验粒子的质量,η_1 为检验粒子和其环境之间的摩擦系数,

外力通过外场表示 $F(x) = -\dfrac{\mathrm{d}V}{\mathrm{d}x}$,其性质可以参阅相关文献,为了和下面的

分数阶 Fokker-Planck 方程(FFPE)对比,下面仅给出几个重要的基本性质:

（1）在无外力极限时,方程（2.2.26）退化为 Fick 第二定律,从而均方偏移满足式（2.2.1）中描述的线性关系:

（2）单模式的松弛随时间指数衰减:

$$T_n(t) = \exp(-\lambda_{n,1}t), \qquad (2.2.27)$$

其中,$\lambda_{n,1}$ 为 Fokker-Planck 算子 $L_{FP} = \dfrac{\partial}{\partial x} \dfrac{V'(x)}{m\eta_1} + K_1 \dfrac{\partial^2}{\partial x^2}$ 的特征值;

（3）稳态解 $W_{st}(x) = \lim\limits_{t \to \infty} W(x,\ t)$ 由 Gibbs-Boltzmann 分布给出:

$$W_{st} = N \exp(-\beta V(x)), \qquad (2.2.28)$$

其中,N 为正则化常数,$\beta = (k_B T)^{-1}$ 为 Boltzmann 因子;

（4）FPE 满足 Einstein-Stokes-Smoluchowski 关系:

$$K_1 = k_B T / m\eta_1;$$

（5）第二 Einstein 关系成立:

$$\langle x(t) \rangle_F = \frac{FK_1}{k_B T} t, \qquad (2.2.29)$$

联系着在恒定外力 F 下的一阶矩和不具有外力时的二阶矩 $\left\langle x^2(t) \right\rangle_0 = 2K_1 t$.

FPE 方程及其应用已经得到了广泛的研究，为了描述在外力场中的反常扩散，引入推广的 FFPE：

$$\frac{\partial W}{\partial t} = {}_0\mathrm{D}_t^{1-\alpha} \left[\frac{\partial}{\partial x} \frac{V'(x)}{m\eta_\alpha} + K_\alpha \frac{\partial^2}{\partial x^2} \right] W(x, t). \qquad (2.2.30)$$

方程满足以下性质：

（1）在无外力场极限下，

$$\left\langle x^2(t) \right\rangle_0 = \frac{2K_a}{\Gamma(1+a)} t_a ,$$

当 V 为常数时，方程退化为方程(2.2.11)；

（2）单模式的松弛由 Mittag-Leffler 函数给出[比较式(2.2.27)]：

利用分离变量方法，设

$$W_n(x, t) = T_n(t) \varphi_n(x),$$

从而方程（1.2.30）可以分解为如下方程：

$$\frac{\mathrm{d}T_n}{\mathrm{d}t} = -\lambda_{n,\alpha} \, {}_0\mathrm{D}_t^{1-\alpha} T_n(t), \qquad (2.2.31)$$

$$L_{FP} \varphi_n(x) = -\lambda_{n,\alpha} \varphi_n(x). \qquad (2.2.32)$$

当 $T_n(0) = 1$ 时，$T_n(t)$ 由 Mittag-Leffler 函数表示为

$$T_n(t) = E_a(-\lambda_{n,\alpha} t^\alpha) = \sum_{j=0}^{\infty} \frac{(-\lambda_{n,a} t^a)^j}{\Gamma(1+aj)} ;$$

（3）稳态解由 Gibbs-Boltzmann 分布给出：

将方程（2.2.30）右端写为如下形式：

$$_{-0}D_t^{1-\alpha}\frac{\partial S(x,t)}{\partial x}, \; S(x,t)=\left[-\frac{\partial}{\partial x}\frac{V'(x)}{m\eta_\alpha}-K_\alpha\frac{\partial^2}{\partial x^2}\right]W(x,t), \qquad (2.2.33)$$

其中，$S(x,t)$表示概率流.在稳态解情形，$S(x,t)$为常数，从而

$$\frac{V'(x)}{m\eta_\alpha}W_{st}(x)+K_\alpha\frac{\mathrm{d}}{\mathrm{d}x}W_{st}(x)=0. \qquad (2.2.34)$$

可以推知

$$W_{st}(x)=N\exp\left(-\frac{V(x)}{m\eta_\alpha K_\alpha}\right).$$

和经典情形类似地，要求 W_{st} 由 Boltzmann 分布式(2.2.28)给出，则可以得到.

（4）广义的 Einstein-Stokes-Smoluchowski 关系：$K_\alpha=k_BT/m\eta_\alpha$；

（5）第二 Einstein 关系式对 FFPE 仍然成立，即

$$\langle x(t)\rangle_F=\frac{F}{m\eta_\alpha\Gamma(1+a)}t^a=\frac{FK_\alpha}{k_BT\Gamma(1+a)}t^a.$$

注意到 $\Gamma(2)=1$，于是此关系式退化到式(2.2.29).

考虑一种特殊情形，$V(x)=\dfrac{1}{2}m^2\omega^2x^2$，此时系统描述的是亚扩散的、调和约束粒子(Harmonically Bound Particles)的运动.此时，方程(2.2.30)化简为

$$\frac{\partial W}{\partial t}={}_0D_t^{1-\alpha}\left[\frac{\partial}{\partial x}\frac{\omega^2 x}{\eta_\alpha}+K_\alpha\frac{\partial^2}{\partial x^2}\right]W(x,t).$$

利用分离变量法以及 Hermite 多项式的定义，可以得到方程的解的表达式：

$$W=\sqrt{\frac{m\omega^2}{2\pi k_BT}}\sum_0^\infty\frac{1}{2^n n!}Ea\left(\frac{-n\omega^2 t^a}{\eta_a}\right)Hn\left(\frac{\sqrt{m}\omega x'}{\sqrt{2k_BT}}\right)Hn\left(\frac{\sqrt{m}\omega x}{\sqrt{2k_BT}}\right)\exp\left(\frac{m\omega^2 x^2}{2k_BT}\right)$$

其中，H_n 表示厄米多项式，其稳态解则可以表示为

$$W_{st}(x) = \sqrt{\frac{m\omega^2}{2\pi k_B T}}\, H_0\left(\frac{\sqrt{m}\,\omega x'}{\sqrt{2k_B T}}\right) H_0\left(\frac{\sqrt{m}\,\omega x}{\sqrt{2k_B T}}\right) \exp\left(-\frac{m\omega^2 x^2}{2k_B T}\right)$$

$$= \sqrt{\frac{m\omega^2}{2\pi k_B T}}\, \exp\left(-\frac{m\omega^2 x^2}{2k_B T}\right),$$

正如我们所期望的，为 Gibbs-Boltzmann 分布.

在拉普拉斯变换下，对于相同的初值 $W_0(x) = \delta(x - x')$，方程(2.2.30)的解满足函数关系

$$W_\alpha(x, u) = \frac{\eta_\alpha}{\eta_1}\, u^{\alpha-1}\, W_1\left(x, \frac{\eta_\alpha}{\eta_1}u^\alpha\right),\ 0 < \alpha < 1, \tag{2.2.35}$$

其中，W_1 和 W_α 分别表示方程(2.2.26)和方程(2.2.30)的解.这表明，在拉普拉斯变换下，亚扩散系统和经典的扩散相差一个变量的伸缩.进一步，W_α 还可以通过积分用 W_1 表示出：

$$W_\alpha(x, t) = \int_0^\infty \mathrm{d}s A(s, t) W_1(x, s), \tag{2.2.36}$$

其中，$A(s, t)$ 可以通过拉普拉斯逆变换给出：

$$A(s, t) = \pounds^{-1}\left[\frac{\eta_\alpha}{\eta_1 u^{1-\alpha}} \exp\left(\frac{\eta_\alpha}{\eta_1}u^\alpha s\right)\right]. \tag{2.2.37}$$

如果考虑非局部跳跃过程，即假设 $\sum^2$ 发散，则可以得到如下的 FFPE：

$$\frac{\partial W}{\partial t} = {}_0\mathrm{D}_t^{1-\alpha}\left[\frac{\partial}{\partial x}\frac{V'(x)}{m\eta_\alpha} + K^\mu\nabla^\mu\right] W(x, t), \tag{2.2.38}$$

当 $\mu = 2$，即 $\sum^2$ 有限时，该方程退化为亚扩散的 FFPE 式(2.2.30).考虑相反的情形，即 T 有限但 $\sum^2$ 发散，则类似于式(2.2.38)，可以得到

$$\frac{\partial W}{\partial t} = \left[\frac{\partial}{\partial x}\frac{V'(x)}{m\eta_1} + K_1^\mu {}_{-\infty}\mathrm{D}_x^\mu\right] W(x, t), \tag{2.2.39}$$

此即为在外力场 $F(x)$ 下的 Lévy 飞行.

2.2.4　分数阶 Klein-Kramers 方程

从连续时间的 Chapman-Fokker 方程以及具有外力场下的受阻尼的粒子的 Markov-Langevin 方程，可以推导出分数阶 Klein-Kramers（FKK）方程，利用该方程的速度平均的高阻尼极限可以重新得到分数阶 Fokker-Planck 方程，并可以用来解释广义的输运系数 K_α 和 η_α 的物理意义.分数阶 FKK 方程如下：

$$\frac{\partial W}{\partial t} = {}_0\mathrm{D}_t^{1-\alpha}\left[-v^*\frac{\partial}{\partial x} + \frac{\partial}{\partial x}(\eta^*v - \frac{F^*(x)}{m}) + \eta^*\frac{K_BT}{m}\frac{\partial^2}{\partial v^2}\right]W(x, v, t), \quad (2.2.40)$$

其中，$v^* = v\vartheta$，$\eta^* = \eta\vartheta$，$F^*(x) = F(x)\vartheta$ 且 $\vartheta = \tau^*/\tau^\alpha$.对该方程关于 v 积分，再作一定的变换可以得到方程

$$\frac{\partial W}{\partial t} + {}_0\mathrm{D}_t^{1+\alpha}\frac{W}{\eta^*} = {}_0\mathrm{D}_t^{1-\alpha}\left[-\frac{\partial}{\partial x}\frac{F(x)}{m\eta_\alpha} + K_\alpha\frac{\partial^2}{\partial x^2}\right]W(x, t). \quad (2.2.41)$$

方程（2.2.41）是广义 Cattaneo 方程的类型，且当 $\alpha = 1$ 时，在布朗运动极限情形下，退化为电报方程(Telegrapher's Equation).当考虑高阻尼极限或者长时间极限时，则可以重新得到分数阶 Fokker-Planck 方程式（2.2.30）.

对方程关于位置坐标积分，并考虑其无阻尼极限，则可以得到分数阶 Rayleigh 方程

$$\frac{\partial W}{\partial t} = {}_0\mathrm{D}_t^{1-\alpha}\eta^*\left[\frac{\partial}{\partial v}v + \frac{k_BT}{m}\frac{\partial^2}{\partial v^2}\right]W(v, t), \quad (2.2.42)$$

其概率密度分布解 $W(v, t)$ 描述了其趋于 Maxwell 稳态分布的过程：

$$W_{st}(v) = \frac{\beta m}{2\pi}\exp\left(-\frac{\beta m}{2}v^2\right).$$

2.3　分数阶准地转方程（QGE）

分数阶准地转方程（Quasigeostrophic Equation）具有如下形式：

$$\frac{\mathrm{D}\theta}{\mathrm{D}t} = \frac{\partial \theta}{\partial t} + v \cdot \nabla \theta = 0, \tag{2.3.1}$$

其中，$v = (v_1, v_2)$是二维速度场，可由流函数决定：

$$v_1 = -\frac{\partial \psi}{\partial x_2}, \quad v_2 = \frac{\partial \psi}{\partial x_1}. \tag{2.3.2}$$

这里流函数ψ和θ具有关系式

$$(-\Delta)^{\frac{1}{2}}\psi = -\theta. \tag{2.3.3}$$

利用傅里叶变换，分数阶拉普拉斯算子可定义为

$$(-\Delta)^{\frac{1}{2}}\psi = \int e^{2\pi i x \cdot k} 2\pi |k| \hat{\psi}(k) \mathrm{d}k.$$

在方程(2.3.1) ~ (2.3.3)中，θ代表位温，v代表流体速度，而流函数ψ则可以认为是压强. 当考虑具有黏性项时，可以得到如下方程：

$$\theta_t + \kappa(-\Delta)^\alpha \theta + v \cdot \nabla \theta = 0,$$

其中，θ和v仍然由式(2.3.2)和式(2.3.3)决定，$0 \le \alpha \le 1$，$\kappa > 0$为实数. 更一般地，可以考虑具有外力项的分数阶 QG 方程

$$\theta_t + u \cdot \nabla \theta + \kappa(-\Delta)^\alpha \theta = f.$$

通常为了数学讨论上的方便，往往假设f不依赖于时间.

分数阶 QG 方程（2.3.1）~（2.3.3）和三维的不可压缩 Euler 方程在物理和数学上都有许多相似之处，这一点可以从如下几个方面看出来，三维的涡度方程具有如下的形式：

$$\frac{\mathrm{D}\omega}{\mathrm{D}t} = (\nabla v)\omega, \tag{2.3.4}$$

其中，$\dfrac{D}{Dt} = \dfrac{\partial}{\partial t} + v \cdot \nabla$，$v = (v_1,\ v_2,\ v_3)$ 为三维的涡度向量，且 div $v = 0$，$\omega = \text{curl } v$ 为涡度向量.引入向量

$$\nabla^\perp \theta = {}^t(-\theta_{x_2},\ \theta_{x_1}).$$

可以发现向量场 $\nabla^\perp \theta$ 在二维分数阶 QG 方程中的作用和 ω 在三维 Euler 方程中的作用是一致的，将方程（2.3.1）微分可得

$$\frac{D\nabla^\perp \theta}{Dt} = (\nabla v)\nabla^\perp \theta,\qquad\qquad (2.3.5)$$

其中，$\dfrac{D}{Dt} = \dfrac{\partial}{\partial t} + v \cdot \nabla$ 且 $v = \nabla^\perp \psi$，从而 div $v = 0$.由此可知，方程（2.3.5）中的 $\nabla^\perp \varphi$ 和式（2.3.4）中的涡度 ω 满足同样的方程.

其次考查其解析结构，对三维 Euler 方程而言，其速度 v 可以由其涡度表示出来，即大家所熟悉的 Biot-Savart 律：

$$v(x) = -\frac{1}{4\pi}\int_{R^3}\left(\nabla^\perp \frac{1}{|y|}\right)\times \omega(x+y)\mathrm{d}y.$$

将 3×3 矩阵 $\nabla v = (v^i_{x_j})$ 表示为对称部分以及反称部分：

$$\mathcal{D}^E(x) = \frac{1}{2}\left[(\nabla v)+(\nabla v)^t\right],$$

$$\Omega^E(x) = \frac{1}{2}\left[(\nabla v)-(\nabla v)^t\right],$$

则其对称部分 $\mathcal{D}^E$ 可以表示为奇异积分：

$$\mathcal{D}^E(x) = \frac{3}{4\pi}P.V.\int_{R^3}\frac{M^E[\hat{y}, w(x+y)]}{|y|^3}\mathrm{d}y.$$

由于流体是不可压的，成立 $\text{tr}\mathcal{D}^E = \sum_i d_{ii} = 0$.这里矩阵 M^E 为二元函数

$$M^E(\hat{y}, \omega) = \frac{1}{2} \left[\hat{y} \otimes (\hat{y} \times \omega) + (\hat{y} \times \omega) \otimes \hat{y} \right],$$

其中，$a \times b = (a_i b_j)$ 表示两个向量的张量积，显然，Euler 方程可以写为

$$\frac{\mathrm{D}\omega}{\mathrm{D}t} = \omega \cdot \nabla v = \mathcal{D}^E \omega.$$

对于二维的分数阶 QG 方程

$$\psi(x) = -\int_{\mathrm{R}^2} \frac{1}{|y|} \theta(x + y)\mathrm{d}y,$$

从而

$$v = -\int_{\mathrm{R}^2} \frac{1}{|y|} \nabla^\perp \theta (x + y)\mathrm{d}y.$$

此时，速度梯度矩阵的对称部分 $\mathcal{D}^{QG}(x) = \frac{1}{2} \left[(\nabla v) + (\nabla v)^t \right]$ 可以写为奇异

积分

$$\mathcal{D}^{QG}(x) = P.V. \int_{\mathrm{R}^2} \frac{M^{QG}(\hat{y}, (\nabla^\perp \theta)(x + y))}{|y|^2}\mathrm{d}y, \qquad (2.3.6)$$

其中，$\hat{y} = \dfrac{y}{|y|}$ 且 M^{QG} 为双元函数

$$M^{QG} = \frac{1}{2} (\hat{y}^\perp \otimes \omega^\perp + \omega^\perp \otimes \hat{y}^\perp).$$

对于固定的 ω，定义奇异积分的函数 M^{QG} 在单位圆上的平均值为零. 由此可以看出，对于二维 QG 方程和三维 Euler 方程，其速度有类似的表示：

$$v = \int_{R^d} K_d (y)\omega(x + y)\mathrm{d}y,$$

其中，$K_d(y)$为 $1-d$ 次齐次的核函数，且其对称部分 $\mathcal{D}^E$ 和 $\mathcal{D}^{QG}$ 都可以由 $\omega(x)$ 通过奇异积分表示，且其核函数为 $-d$ 次齐次函数，且具有标准的消失 (Cancellation) 性质. 由上述讨论可知，二维 QG 方程中的 $\nabla^\perp\theta$ 和三维不可压 Euler 方程中的涡度 ω 地位是相当的.

考虑三维 Euler 方程的涡线 (Vortex Line). 称光滑曲线 $C = \{y(s) \in \mathbb{R}^3 : 0 < s < 1\}$ 为固定时刻 t 的涡线，如果它与涡度 ω 在每点都相切，即

$$\frac{\mathrm{d}y}{\mathrm{d}s}(s) = \lambda(s)\omega(y(s), \ t), \ \lambda(s) \neq 0.$$

考虑初始时刻的涡线 $C = \{y(s) \in \mathbb{R}^3 : 0 < s < 1\}$，随着时间的推移，它发展为 $C(t) = \{X(y(s), \ t) \in \mathbb{R}^3 : 0 < s < 1\}$，其中，$X(\alpha, \ t)$ 为标记为 α 的粒子的运动轨迹，利用涡度方程，可以说明 $X(\alpha, \ t)$ 满足方程

$$\omega(X(\alpha, \ t), \ t) = \nabla_\alpha X(\alpha, \ t)\omega_0(\alpha).$$

由 $C(t)$ 的定义可知

$$\frac{\mathrm{d}X(y(x), t)}{\mathrm{d}s} = \nabla_\alpha X(y(s), t)\frac{\mathrm{d}y(s)}{\mathrm{d}s} = \nabla_\alpha X(y(s), t)\lambda(s)\omega_0(y(s)),$$

从而

$$\frac{\mathrm{d}X}{\mathrm{d}s}(y(s), \ t) = \lambda(s)\omega(X(y(s), \ t), \ t),$$

由此说明在理想流体中，涡线随着流体移动. 令 LS^{QG} 表示二维 QG 方程的水平集，即 $\theta =$ 常数. 由方程（2.3.1）可知 LS^{QG} 随着流体移动，且 $\nabla^\perp\theta$ 和水平集 LS^{QG} 相切. 这说明这样的事实：对于二维 QG 方程而言，其水平集和三维 Euler 方程的涡线角色相当. 进一步，对于三维 Euler 方程，我们有

$$\frac{\mathrm{D}|\omega|}{\mathrm{D}t} = \alpha^E|\omega|,$$

其中，$\alpha^E(x,\ t) = \mathcal{D}^E(x,\ t)\xi\cdot\xi$，$\xi = \dfrac{\omega(x,t)}{|\omega(x,t)|}$.类似地，对于二维的 QG

方程，$|\nabla^\perp\theta|$ 的发展满足相同的方程：

$$\frac{\mathrm{D}\left|\nabla^\perp\theta\right|}{\mathrm{D}t} = \alpha\left|\nabla^\perp\theta\right|, \qquad (2.3.7)$$

其中，$\alpha^{QG} = \mathcal{D}^{QG}(x,\ t)\xi\cdot\xi$，$\mathcal{D}^{QG}$ 在式（2.3.6）中定义，而 $\xi = \dfrac{\nabla^\perp\theta}{|\nabla^\perp\theta|}$ 为

$\nabla^\perp\theta$ 的方向向量.

进一步考查方程的守恒量.利用傅里叶变换可知 $\hat{v}(k) = \widehat{\nabla^\perp}\psi(k) = $

$\dfrac{\mathrm{i}(-k_2,k_1)}{|k|}\hat{\theta}(k)$，从而利用 Plancherel 公式可知

$$\frac{1}{2}\int_{\mathrm{R}^2}|v|^2 = \frac{1}{2}\int_{\mathrm{R}^2}|\theta|^2\ \mathrm{d}x.$$

对于二维的 QG 方程而言，显然量 $\int_{\mathrm{R}^2}G(\theta)\mathrm{d}x$ 是守恒的，特别地，选取

$G(\theta) = \dfrac{1}{2}\theta^2$ 可知其动能守恒.这一点和三维 Euler 方程是一致的.

最近，有学者又考虑了如下的分数阶 Navier-Stokes 方程：

$$\begin{cases} \partial_t u + u\cdot\nabla u + \nabla p = -v(-\Delta)^\alpha u, \\ \nabla\cdot u = 0, \end{cases} \qquad (2.3.8)$$

其中，$v > 0$，$\alpha > 0$ 为实值参数.研究人员建立了如上的分数阶 NS 方程在

Besov 空间中的存在唯一性.

另外，最近我们也建立了一类高阶的二维准地转方程的解的存在性及其

衰减估计

$$\left(\frac{\partial}{\partial t} + \frac{\partial \psi}{\partial x}\frac{\partial}{\partial y} - \frac{\partial \psi}{\partial y}\frac{\partial}{\partial x}\right)q = \frac{1}{R_e}(-\Delta)^{1+\alpha}\varphi\,, \qquad\qquad (2.3.9)$$

其中，$q = \Delta\psi - F\psi + \beta y$，$(x,\ y) \in \mathbb{R}^2$，$t \geqslant 0$.

第3章 分数阶积分与分数阶导数

3.1 Riemann-Liouville 分数阶积分与分数阶导数

在这一节我们给出实直线的有限区间上的 Riemann-Liouville 分数阶积分与分数阶导数的定义，并叙述它们在可和函数与连续函数空间中的某些性质. 更详细的信息可在 Samko 等的文献[①](第 2 节)中找到.

设 $\Omega=[a,b](-\infty<a<b<\infty)$ 是实轴 $\mathbb{R}$ 上的有限区间. $\alpha\in\mathbb{C}\left(\Re(\alpha)>0\right)$ 阶 Riemann-Liouville 分数阶积分 $I_{a^+}^{\alpha}f$ 和 $I_{b^-}^{\alpha}f$ 分别定义为

$$(I_{a+}^{a}f)(x):=\frac{1}{\Gamma(a)}\int_a^x\frac{f(t)\mathrm{d}t}{(x-t)^{1-a}}\quad(x>a,\Re(a)>0)\tag{3.1.1}$$

和

$$(I_{b-}^{a}f)(x):=\frac{1}{\Gamma(a)}\int_x^b\frac{f(t)\mathrm{d}t}{(t-x)^{1-\infty}}\quad(x<b,\Re(a)>0)\tag{3.1.2}$$

其中，$\Gamma(a)$ 是 Γ 函数. 这些积分称为分数阶左右积分.

当 $\alpha=n\in\mathbb{N}$ 时，定义(3.1.1)和(3.1.2)与 n 阶积分重合

$$\left(I_{a+}^{n}f\right)(x)=\int_a^x\mathrm{d}t_1\int_a^{t_1}\mathrm{d}t_2\;\mathrm{L}\;\int_a^{t_{n-1}}f\left(t_n\right)\mathrm{d}t_n$$

$$=\frac{1}{(n-1)!}\int_a^x\left(x-t\right)^{n-1}f\left(t\right)\mathrm{d}t\qquad(n\in\mathbb{N})\tag{3.1.3}$$

和

[①] SAMKO S G, KILBAS A A, MARICHEV O I.Fractional Integrals and Derivatives：Theory and Applications[M].Gordon and Breach Science Publishers，Switzerland，1993.

$$\left(I_{b-}^n f\right)(x) = \int_x^b \mathrm{d}t_1 \int_{t_1}^b \mathrm{d}t_2 \, \mathrm{L} \int_{t_{n-1}}^b f(t_n) \mathrm{d}t_n$$

$$= \frac{1}{(n-1)!} \int_a^x (t-x)^{n-1} f(t) \mathrm{d}t \qquad (n \in \mathbb{N}) \tag{3.1.4}$$

$a \in \mathbb{C}(\Re(a) \geqslant 0)$Riemann-Liouville 分数阶导数 $D_{a+}^\alpha y$ 和 $D_{b-}^\alpha y$ 分别定义为

$$\left(D_{a+}^\alpha y\right)(x) := \left(\frac{\mathrm{d}}{\mathrm{d}x}\right)^n \left(I_{a+}^{n-\alpha} y\right)(x)$$

+6

$$= \frac{1}{\Gamma(n-a)} \left(\frac{\mathrm{d}}{\mathrm{d}x}\right)^n \int_a^x \frac{y(t)\mathrm{d}t}{(x-t)^{a-n+1}} \qquad (n = |\Re(a)| + 1; x > a) \tag{3.1.5}$$

和

$$\left(D_{b-}^\alpha y\right)(x) := \left(-\frac{\mathrm{d}}{\mathrm{d}x}\right)^n \left(I_{b-}^{n-\alpha} y\right)(x)$$

$$= \frac{1}{\Gamma(n-a)} \left(-\frac{\mathrm{d}}{\mathrm{d}x}\right)^n \int_x^b \frac{y(t)\mathrm{d}t}{(t-x)^{a-n+1}} \qquad (n = |\Re(a)| + 1; x < b) \tag{3.1.6}$$

其中，$\left[\Re(\alpha)\right]$ 是 $\Re(\alpha)$ 的整数部分. 特别的，当 $a = n = \mathbb{N}_0$ 时

$$\left(D_{a+}^0 y\right)(x) = \left(D_{b-}^0 y\right)(x) = y(x)$$
$$\left(D_{a+}^0 y\right)(x) = y^{(n)}(x) \tag{3.1.7}$$
$$\left(D_{b-}^0 y\right)(x) = (-1)^n y^{(n)}(x) \qquad\qquad (n \in \mathbb{N})$$

其中，$y^{(n)}(x)$ 是 $y(x)$ 的 n 阶通常导数. 如果 $0 < \Re(\alpha) < 1$，则

$$(D_{a+}^a y)(x) = \frac{1}{\Gamma(1-a)} \frac{\mathrm{d}}{\mathrm{d}x} \int_a^x \frac{y(t)\mathrm{d}t}{(x-t)^{a-[\Re(a)]}} \qquad (0 < \Re(a) < 1; x > a) \tag{3.1.8}$$

和

$$(D_{b-}^a y)(x) = -\frac{1}{\Gamma(n-a)} \left(\frac{\mathrm{d}}{\mathrm{d}x}\right)^n \int_x^b \frac{y(t)\mathrm{d}t}{(t-x)^{a-[\Re(a)]}} \qquad (0 < \Re(a) < 1; x < b) \tag{3.1.9}$$

当 $\alpha \in \mathbb{R}^+$ 时，(3.1.5)和(3.1.6)取下面形式

$$(D_{a+}^a y)(x) = -\frac{1}{\Gamma(n-a)}\left(\frac{\mathrm{d}}{\mathrm{d}x}\right)^n \int_a^x \frac{y(t)\mathrm{d}t}{(x-t)^{a-n+1}} \quad (n=[a]+1; x>a) \quad (3.1.10)$$

和

$$(D_{b-}^a y)(x) = -\frac{1}{\Gamma(n-a)}\left(-\frac{\mathrm{d}}{\mathrm{d}x}\right)^n \int_x^b \frac{y(t)\mathrm{d}t}{(t-x)^{a-n+1}} \quad (n=[a]+1; x<b) \quad (3.1.11)$$

由(3.1.8)和(3.1.9)分别得到

$$(D_{a+}^a y)(x) = \frac{1}{\Gamma(1-a)}\frac{\mathrm{d}}{\mathrm{d}x}\int_a^x \frac{y(t)\mathrm{d}t}{(x-t)^a} \quad (0<a<1; x>a) \quad (3.1.12)$$

和

$$(D_{b-}^a y)(x) = -\frac{1}{\Gamma(n-a)}\frac{\mathrm{d}}{\mathrm{d}x}\int_x^b \frac{y(t)\mathrm{d}t}{(t-x)^a} \quad (0<\Re(a)<1; x<b) \quad (3.1.13)$$

如果 $\Re(\alpha)=0(\alpha\neq0)$，则由(3.1.5)和(3.1.6)得到纯虚数阶分数阶导数

$$(D_{a+}^{i\theta} y)(x) = \frac{1}{\Gamma(1-i\theta)}\frac{\mathrm{d}}{\mathrm{d}x}\int_a^x \frac{y(t)\mathrm{d}t}{(x-t)^{i\theta}} \quad (\theta\in\mathbb{R}\setminus\{0\}; x>a) \quad (3.1.14)$$

和

$$(D_{b-}^{i\theta} y)(x) = -\frac{1}{\Gamma(1-i\theta)}\frac{\mathrm{d}}{\mathrm{d}x}\int_x^b \frac{y(t)\mathrm{d}t}{(x-t)^{i\theta}} \quad (\theta\in\mathbb{R}\setminus\{0\}; x<b) \quad (3.1.15)$$

可以直接验证，幂函数 $(x-a)^{\beta-1}$ 和 $(b-x)^{\beta-1}$ 的 Riemann-Liouville 分数阶积分与分数阶微分算子(3.1.1)(3.1.5)和(3.1.2)(3.1.6)与幂函数有相同形式.

性质 3.1.1　如果 $\Re(\alpha)\geqslant0$，$\beta\in\mathbb{C}(\Re(\beta)>0)$，则

$$(I_{a+}^a (t-a)^{\beta-1})(x) = \frac{\Gamma(\beta)}{\Gamma(\beta-a)}(x-a)^{\beta+a-1} \quad (\Re(\alpha)>0) \quad (3.1.16)$$

$$(D_{a+}^a (t-a)^{\beta-1})(x) = \frac{\Gamma(\beta)}{\Gamma(\beta-a)}(x-a)^{\beta-a-1} \quad (\Re(a)\geqslant0) \quad (3.1.17)$$

和

$$\left(I^a_{b-}(b-t)^{\beta-1}\right)(x)=\frac{\Gamma(\beta)}{\Gamma(\beta+a)}(b-x)^{\beta+a-1}\quad\left(\Re(\alpha)>0\right)\qquad（3.1.18）$$

$$\left(D^a_{b-}(b-t)^{\beta-1}\right)(x)=\frac{\Gamma(\beta)}{\Gamma(\beta-a)}(b-t)^{\beta-a-1}\left(\Re(a)\geqslant0\right)\qquad（3.1.19）$$

特别的，如果 $\beta=1$，$\Re(a)\geqslant0$，则常数的 Riemann-Liouville 分数阶导数一般不等于零

$$(D^a_{a+}1)(x)=\frac{(x-a)^{-a}}{\Gamma(1-a)},(D^a_{b-}1)(x)=\frac{(b-x)^{-a}}{\Gamma(1-a)}(0<\Re(a)<1)\quad（3.1.20）$$

另一方面，对 $j=1,2,\cdots,\left[\Re(\alpha)\right]+1$

$$\left(D^\alpha_{a+}(t-a)^{\alpha-j}\right)(x)=0,\left(D^\alpha_{b-}(b-t)^{\alpha-j}\right)(x)=0\qquad（3.1.21）$$

由(3.1.21)，得到下面结果.

推论 3.1.1　设 $\Re(a)\geqslant0$ 且 $n=\left[\Re(\alpha)\right]+1$.

(a)等式 $\left(D^\alpha_{a+}y\right)(x)=0$ 成立. 当且仅当

$$y(x)=\sum_{j=1}^{n}c_j(x-a)^{\alpha-j}$$

其中，$c_j\in\mathbb{R}$（$j=1$，2，$\cdots$，n）是任意常数.

特别的，当 $0<\Re(a)\leqslant1$ 时，关系式 $\left(D^\alpha_{a+}y\right)(x)=0$ 成立，当且仅当对任何 $c\in\mathbb{R}$ 有 $y(x)=c(x-a)^{\alpha-1}$.

(b)等式 $\left(D^\alpha_{b-}y\right)(x)=0$ 成立，当且仅当对任何常数 $d_j\in\mathbb{R}$（$j=1$，2，$\cdots$，n）有

$$y(x)=\sum_{j=1}^{n}d_j(b-x)^{\alpha-j}$$

特别的，当 $0<\Re(a)\leqslant1$ 时，关系式 $\left(D^\alpha_{b-}y\right)(x)=0$ 成立，当且仅当对任何 $d\in\mathbb{R}$ 有 $y(x)=d(b-x)^{\alpha-1}$.

我们指出，在 Samko 等书中叙述的分数阶左右算子 I_{a+}^{α}，D_{a+}^{α} 和 I_{b-}^{α}，D_{b-}^{α} 的某些基本性质．第一个结果是空间 $L_p(a,b)$（$1 \leqslant p \leqslant \infty$）中分数阶积分算子 I_{a+}^{α} 和 I_{b-}^{α} 的有界性，其范数 $\|f\|_p$ 有下面的关系：

$$\|f\|_p := \left(\int_a^b |f(x)|^p \, dx \right)^{1/p} \quad (1 \leqslant p \leqslant \infty)$$

$$\|f\|_p := \operatorname*{esssup}_{a \leqslant x \leqslant b} |f(x)| \quad (p = \infty) \qquad (3.1.22)$$

引理 3.1.1　(a)在 $L_p(a,b)(1 \leqslant p \leqslant \infty)$ 中的分数阶积分算子 I_{a+}^{α} 和 I_{b-}^{α} 有界，其中 $\Re(\alpha) > 0$

$$\begin{aligned}\left\| I_{a+}^{\alpha} f \right\|_p &\leqslant K \|f\|_p \\ \left\| I_{b-}^{\alpha} f \right\|_p &\leqslant K \|f\|_p \end{aligned} \qquad (3.1.23)$$

其中，$K = \dfrac{(b-a)^{\Re a}}{\Re(a) |\Gamma(a)|}$．

(b)如果 $0 < \alpha < 1$ 和 $1 < p < 1/\alpha$，则从 $L_p(a,b)$ 到 $L_q(a,b)$ 的算子 I_{a+}^{α} 和 I_{b-}^{α} 有界，其中 $q = p/(1-\alpha p)$．

附注 3.1.1　引理 3.1(a)在 Samko 等的文献中有证明．引理 3.1(b)是熟知的 Hardy-Littlewood 定理．

下一个结果刻画空间 $AC^n[a,b]$ 中分数阶微分算子 D_{a+}^{α} 和 D_{b-}^{α} 的存在性条件．

引理 3.1.2　设 $\Re(a) \geqslant 0$，$n = [\Re(\alpha)] + 1$．如果 $y(x) \in AC^n[a,b]$，则分数阶导数 $D_{a+}^{\alpha} y$ 和 $D_{b-}^{\alpha} y$ 在 $[a,b]$ 上几乎处处存在，而且分别可表示为形式

$$(D_{a+}^{a} y)(x) = \sum_{k=0}^{n-1} \frac{y^{(k)}(a)}{\Gamma(1+k-a)} (x-a)^{k-a} \Gamma(n-a) \int_a^x \frac{y^{(n)}(t)\,\mathrm{d}t}{(x-t)^{a-n+1}} \qquad (3.1.24)$$

和

$$(D_{b-}^a y)(x) = \sum_{k=0}^{n-1} \frac{(-1)^{(k)} y^{(k)}(b)}{\Gamma(1+k-a)} (x-a)^{k-a} \Gamma(n-a) \int_a^x \frac{y^{(n)}(t)\mathrm{d}t}{(x-t)^{a-n+1}} \quad (3.1.25)$$

证明　关系式(3.1.24)是 Samko 等以定义(3.1.5)基础建立的.公式(3.1.25)是利用定义(3.1.6)和函数 $g(x) \in AC^n[a,b]$ 的表示类似证明

$$g(x) = \frac{(-1)^n}{(n-1)!} \int_x^b (t-x)^{n-1} \phi(t)\mathrm{d}t + \sum_{k=0}^{n-1} d_k (-1)^k (b-x)^k \quad (3.1.26)$$

其中

$$\phi(t) = g^n(t)$$
$$d_k = \frac{g^k(b)}{k!} \quad (3.1.27)$$

推论 3.1.2　如果 $0 \leqslant \Re(a) < 1(a \neq 0)$ 和 $y(x) \in AC[a,b]$，则

$$(D_{a+}^a y)(x) = \frac{1}{\Gamma(1-a)} \left[\frac{y(a)}{(x-a)^a} - \int_a^x \frac{y'(t)\mathrm{d}t}{(x-t)^a} \right] \quad (3.1.28)$$

和

$$(D_{b-}^a y)(x) = \frac{1}{\Gamma(1-a)} \left[\frac{y(a)}{(b-x)^a} - \int_x^b \frac{y'(t)\mathrm{d}t}{(t-x)^a} \right] \quad (3.1.29)$$

附注 3.1.2　关系式(3.1.28)和(3.1.29)在 Samko 等的书中有证明.

分数阶积分算子 I_{a+}^a 和 I_{b-}^a 的半群性质由下面结果给出.

引理 3.1.3　如果 $\Re(\alpha) > 0$ 和 $\Re(\beta) > 0$，则对 $f(x) \in L_p(a,b)(1 \leqslant p \leqslant \infty)$，方程

$$\left(I_{a+}^\alpha I_{a+}^\beta f \right)(x) = \left(I_{a+}^{\alpha+\beta} f \right)(x) \quad (3.1.30a)$$

和

$$\left(I_{b-}^\alpha I_{b-}^\beta f \right)(x) = \left(I_{b-}^{\alpha+\beta} f \right)(x) \quad (3.1.30b)$$

在几乎每一点 $x \in [a, b]$ 满足. 如果 $\alpha + \beta > 1$，则(3.1.30)中的关系式在[a,

b]的每一点成立.

下面的断言显示分数阶微分是分数阶左积分的逆算子.

引理 3.1.4　如果 $\Re(\alpha)>0$ 和 $f(x)\in L_p(a,b)(1\leqslant p\leqslant\infty)$，则下面方程

$$\left(D_{a+}^{\alpha}I_{a+}^{\alpha}f\right)(x)=f(x)\qquad(\Re(\alpha)>0)\tag{3.1.31a}$$

和

$$\left(D_{b-}^{\alpha}I_{b-}^{\alpha}f\right)(x)=f(x)\qquad(\Re(\alpha)>0)\tag{3.1.31b}$$

在[a，b]上几乎处处成立.

附注 3.1.3　式(3.1.31)中对 $f(x)\in L(a,b)$ 的第一个关系式是 Samko 等([729]，定理 3.4)建立的.第二个可类似证明.

由引理 3.1.2～3.1.4，我们得到分数阶微分与分数阶积分算子之间的复合关系.

性质 3.1.2　如果 $\Re(\alpha)>\Re(\beta)>0$，则对 $f(x)\in L_p(a,b)(1\leqslant p\leqslant\infty)$，关系式

$$\left(D_{a+}^{\beta}I_{a+}^{\alpha}f\right)(x)=I_{a+}^{\alpha-\beta}f(x)\tag{3.1.32a}$$

和

$$\left(D_{b-}^{\beta}I_{b-}^{\alpha}f\right)(x)=I_{b-}^{\alpha-\beta}f(x)\tag{3.1.32b}$$

在[a，b]上几乎处处成立.

特别的，如果 $\beta=k\in\mathbb{N}$ 和 $\Re(\alpha)>k$，则

$$\left(D^{k}I_{a+}^{\alpha}f\right)(x)=I_{a+}^{\alpha-k}f(x)\tag{3.1.33a}$$

和

$$\left(D^{k}I_{b-}^{\alpha}f\right)(x)=(-1)^{k}I_{b-}^{\alpha-k}f(x)\tag{3.1.33b}$$

性质 3.1.3　设 $\Re(a)\geqslant0$，$m\in\mathbb{N}$ 和 $D=\mathrm{d}/\mathrm{d}x$.

（a）如果分数阶导数 $\left(D_{a+}^{\alpha}y\right)(x)$ 和 $\left(D_{a+}^{\alpha+m}y\right)(x)$ 存在，则

$$\left(D^{m}D_{a+}^{\alpha}y\right)(x)=\left(D_{a+}^{\alpha+m}y\right)(x)\tag{3.1.34}$$

（b）如果分数阶导数 $\left(D_{b-}^{\alpha}y\right)(x)$ 和 $\left(D_{b-}^{\alpha+m}y\right)(x)$ 存在，则

$$\left(D^{m}D_{b-}^{\alpha}y\right)(x)=(-1)^{m}\left(D_{b-}^{\alpha+m}y\right)(x)\tag{3.1.35}$$

为了叙述下一个性质，我们利用对 $\Re(\alpha) > 0$ 和 $1 \leqslant p \leqslant \infty$ 分别定义的函数空间 $I_{a+}^{\alpha}\left(L_p\right)$ 和 $I_{b-}^{\alpha}\left(L_p\right)$

$$I_{a+}^{\alpha}\left(L_p\right) := \left\{f : f = I_{a+}^{\alpha}\varphi, \varphi \in L_p\left(a,b\right)\right\} \tag{3.1.36}$$

和

$$I_{b-}^{\alpha}\left(L_p\right) := \left\{f : f = I_{b-}^{\alpha}\varphi, \varphi \in L_p\left(a,b\right)\right\} \tag{3.1.37}$$

分数阶积分算子 I_{a+}^{α} 与分数阶微分算子 D_{a+}^{α} 的复合由下面结果给出.

引理 3.1.5 设 $\Re(\alpha) > 0$ ，$n = \left[\Re(\alpha)\right] + 1$ ，$f_{n-\alpha}(x) = \left(I_{a+}^{n-\alpha}f\right)(x)$ 是 $n-\alpha$ 阶分数阶积分(3.1.1).

（a）如果 $1 \leqslant p \leqslant \infty$ 且 $f(x) \in I_{a+}^{\alpha}\left(L_P\right)$ ，则

$$\left(I_{a+}^{\alpha}D_{a+}^{\alpha}f\right)(x) = f(x) \tag{3.1.38}$$

（b）如果 $f(x) \in L_1(a,b)$ ，$f_{n-\alpha}(x) \in AC^n[a,b]$ ，则等式

$$(I_{a+}^a D_{a+}^a f)(x) = f(x) - \sum_{j=1}^{n}\frac{f_{n-a}^{(n-j)}(a)}{\Gamma(a-j+1)}(x-a)^{a-j} \tag{3.1.39}$$

在 $[a, b]$ 上几乎处处成立.

特别的，如果 $0 < \Re(\alpha) < 1$ ，则

$$(I_{a+}^a D_{a+}^a f)(x) = f(x) - \frac{f_{1-a}(a)}{\Gamma(a)}(x-a)^{a-1} \tag{3.1.40}$$

其中，$f_{1-a}(\alpha) = \left(I_{a+}^{\alpha}f\right)(x)$ ，以及对 $\alpha = n \in \mathbb{N}$ ，下面等式成立

$$\left(I_{a+}^n D_{a+}^n f\right)(x) = f(x) - \sum_{k=0}^{n-1}\frac{f^{(k)}(a)}{k!}(x-a)^k \tag{3.1.41}$$

容易证明下面的指标规则性质.

性质 3.1.4 设 $\alpha > 0$ ，$\beta > 0$ 满足 $n-1 < a \leqslant n$ ，$m-1 < \beta \leqslant m (n, m \in \mathbb{N})$ 和 $\alpha + \beta < n$ ，又设 $f \in L_1(a,b)$ ，$f_{m-n} \in AC^m\left([a,b]\right)$ ，则我们有下面的指标规则

$$(D_{a+}^a D_{a+}^{\beta} f)(x) = (D_{a+}^{a+\beta} f)(x) - \sum_{j=1}^{m}(D_{a+}^{\beta-j} f)(a+)\frac{(x-a)^{-j-a}}{\Gamma(1-ja)} \tag{3.1.42}$$

证明 由于 $n > \alpha + \beta$，利用(3.1.5)和半群性质(3.1.30)，得到

$$\left(D_{a+}^{\alpha} D_{a+}^{\beta} f\right)(x) = \left(\frac{\mathrm{d}}{\mathrm{d}x}\right)^{n} \left(I_{a+}^{n-\alpha} D_{a+}^{\beta} f\right)(x)$$

$$= \left(\frac{\mathrm{d}}{\mathrm{d}x}\right)^{n} \left[I_{a+}^{n-\alpha-\beta} \left(I_{a+}^{\beta} D_{a+}^{\beta} f \right) \right](x) \tag{3.1.43}$$

由于 $f \in L_1(a,b)$ 和 $f_{m-n} \in AC^m([a,b])$，利用引理 3.4(其中用 β 代替 α)，得到

$$(I_{a+}^{\beta} D_{a+}^{\beta} f)(t) = f(t) - \sum_{j=1}^{m} \frac{(I_{a+}^{m-\beta} f)^{(m-j)}(a+)}{\Gamma(\beta - j + 1)}(x-a)^{\beta-j} \tag{3.1.44}$$

按照(3.1.5)，$\left[\left(I_{a+}^{m-\beta} f \right) \right]^{(m-j)}(x) = \left(D_{a+}^{\beta-j} f \right)(x)$. 因此，利用关系式(3.1.7)将

(3.1.44)代入(3.1.43)得到(3.1.42).

引理 3.1.5 是 Samko 等[①]证明的.下面引理可如引理 3.1.5 证明，它刻画分数阶积分算子 I_{b-}^{α} 与分数阶微分算子 D_{b-}^{α} 的复合.

引理 3.1.6 设 $\Re(\alpha) > 0$，$n = [\Re(\alpha)] + 1$. 又设 $g_{n-\alpha}(x) = \left(I_{b-}^{n-\alpha} g \right)(x)$ 是 $n-\alpha$ 阶分数阶积分(3.1.2).

（a）若 $1 \leqslant p \leqslant \infty$ 和 $g(x) \in I_{b-}^{\alpha}(L_P)$，则

$$\left(I_{b-}^{\alpha} D_{b-}^{\alpha} g \right)(x) = g(x) \tag{3.1.45}$$

（b）若 $g(x) \in L_1(a,b)$ 和 $g_{n-\alpha}(x) \in AC^n[a,b]$，则公式

$$(I_{b-}^{a} D_{b-}^{a} g)(x) = g(x) - \sum_{j=1}^{n} \frac{(-1)^{n-j} g_{n-a}^{(n-j)}(a)}{\Gamma(a-j+1)}(b-x)^{a-j} \tag{3.1.46}$$

在[a，b]上几乎处处成立.

特别的，如果 $0 < \Re(\alpha) < 1$，则

---

① SAMKO S G, KILBSA A A, MARICHEV O I.Fractional Integrals and Derivatives：Theory and Applications[M].Switzerland:Gordon and Breach Science Publishers，1993.

$$(I_{b-}^a D_{b-}^a g)(x) = g(x) - \frac{g_{1-a}(a)}{\Gamma(a)}(b-x)^{a-1} \qquad (3.1.47)$$

其中，$g_{1-a}(\alpha) = (I_{b-}^\alpha g)(x)$，而且对 $\alpha = n \in \mathbb{N}$，下面等式成立

$$(I_{b-}^n D_{b-}^n g)(x) = g(x) - \sum_{k=0}^{n-1} \frac{(-1)^k g^{(k)}(b)}{k!}(b-x)^k \qquad (3.1.48)$$

现在我们叙述分数阶分部积分规则，这在 Samko 等的文献（定理 3.5 的推论和定理 2.4 的推论 2）中有证明.

引理 3.1.7 设 $\alpha > 0$，$p \geqslant 1$，$q \geqslant 1$，$(1/p)+(1/q) \leqslant 1+a$（当 $(1/p)+(1/q) = 1+a$ 时 $p \neq 1$ 且 $q \neq 1$）.

（a）如果 $\varphi(x) \in L_p(a,b)$ 和 $\psi(x) \in L_p(a,b)$，则

$$\int_a^b \varphi(x)(I_{a+}^\alpha \psi)(x) dx = \int_a^b \psi(x)(I_{b-}^\alpha \varphi)(x) dx \qquad (3.1.49)$$

（b）如果 $f(x) \in I_{a+}^\alpha(L_p)$ 和 $g(x) \in I_{a+}^\alpha(L_p)$，则

$$\int_a^b f(x)(D_{a+}^\alpha g)(x) dx = \int_a^b g(x)(I_{b-}^\alpha f)(x) dx \qquad (3.1.50)$$

现在我们考虑(3.1.1)和(3.1.2)的性质，以及分别在空间 $C_\gamma[a,b]$ 和 $C_\gamma^n[a,b]$ 中的分数阶导数(3.1.5)和(3.1.6)的性质.空间 $C_\gamma[a,b]$ 中的分数阶积分 $I_{a+}^\alpha f$ 和 $I_{b-}^\alpha f$，以及空间 $C_\gamma^n[a,b]$ 中的分数阶导数 $D_{a+}^\alpha y$ 和 $D_{b-}^\alpha y$ 的存在性由下面引理给出.

引理 3.1.8 设 $\Re(a) \geqslant 0$ 和 $\gamma \in \mathbb{C}$.

（a）设 $\Re(\alpha) > 0$ 且 $0 \leqslant \Re(a) < 0$.

如果 $\Re(\gamma) > \Re(\alpha)$，则从 $C_\gamma[a,b]$ 到 $C_{\gamma-a}[a,b]$ 的分数阶积分算子 I_{a+}^α 和 I_{b-}^α 有界

$$\left\| I_{a^+}^a f \right\|_{C_{\gamma-a}} \leqslant k_1 \| f \|_{C_\gamma} \qquad (3.1.51a)$$

和

$$\left\| I_{b^-}^a f \right\|_{C_{\gamma-a}} \leqslant k_1 \left\| f \right\|_{C_\gamma} \qquad (3.1.51b)$$

其中

$$k_1 = \frac{\Gamma[\Re(a)] \left| \Gamma(1-\Re(a)) \right|}{\left| \Gamma(a) \right| \Gamma[1+\Re(a-\gamma)]}$$

特别的，$I_{a^+}^\alpha$ 和 $I_{b^-}^\alpha$ 在 $C_\gamma[a,b]$ 中有界.

如果 $\Re(\lambda) \leqslant \Re(a)$，则从 $C_\gamma[a,b]$ 到 $C[a,b]$ 的分数阶积分算子 $I_{a^+}^\alpha$ 和 $I_{b^-}^\alpha$ 有界.

$$\left\| I_{a^+}^a f \right\|_{C_\gamma} \leqslant k_2 \left\| f \right\|_{C_\gamma} \qquad (3.1.52a)$$

和

$$\left\| I_{b^-}^a f \right\|_{C_\gamma} \leqslant k_2 \left\| f \right\|_{C_\gamma} \qquad (3.1.52b)$$

其中

$$k_2 = (b-a)^{\Re(\alpha-\gamma)} \cdot \frac{\Gamma[\Re(a)] \left| \Gamma(1-\Re(a)) \right|}{\left| \Gamma(a) \right| \Gamma[1+\Re(a-\gamma)]}$$

特别的，$I_{a^+}^\alpha$ 和 $I_{b^-}^\alpha$ 在 $C_\gamma[a,b]$ 中有界.

（b）如果 $\Re(a) \geqslant 0$，$n = [\Re(\alpha)]+1$.且 $y(x) \in C_\gamma^n[a,b]$，则在 (a,b) 上的分数阶导数 $D_{a^+}^\alpha y$ 和 $D_{b^-}^\alpha y$ 存在.且可由(3.1.28)和(3.1.29)分别表示.特别的，当 $0 \leqslant \Re(a) < 1(a \neq 0)$ 和 $y(x) \in C_\gamma[a,b]$ 时，$D_{a^+}^\alpha y$ 和 $D_{b^-}^\alpha y$ 分别由(3.1.28)和(3.1.29)给出.

对分数阶微积分算子(3.1.1)和(3.1.2)以及(2.1.5)和(2.1.6)，下面断言类似于引理 3.1.3 ~ 3.1.6 和性质 3.1.2.

引理 3.1.9 设 $\Re(\alpha)>0$，$\Re(\beta)>0$ 和 $0 \leqslant \Re(a) < 1$，则下面断言成立：

（a）如果 $f(x) \in C_\gamma[a,b]$，则(3.1.30)中的第一个和第二个关系式分别在每一点 $x \in (a,\ b)$ 和 $x \in [a,\ b)$ 成立.当 $f(x) \in C[a,b]$ 时，这些关系式在任何点 $x \in [a,\ b]$ 成立.

（b）如果 $f(x) \in C_\gamma[a,b]$，则(3.1.31)中的第一个和第二个等式分别在每一点 $x \in (a,\ b]$ 和 $x \in [a,\ b)$ 成立.当 $f(x) \in C[a,b]$ 时，这些等式在任何点 $x \in [a,\ b]$ 成立.

（c）设 $\Re(\alpha) > \Re(\beta) > 0$.如果 $f(x) \in C_\gamma[a,b]$，则(3.1.32)中的第一个和第二个关系式分别在每一点 $x \in (a,\ b]$ 和 $x \in [a,\ b)$ 成立.当 $f(x) \in C[a,b]$ 时，这些关系式在任何点 $x \in [a,\ b]$ 成立. 特别的，当 $\beta = k \in \mathbb{N}$ 和 $\Re(\alpha) > k$ 时(3.1.33)中的关系式在它们各自的情形下成立.

（d）设 $n = [\Re(\alpha)] + 1$.令 $f_{n-\alpha}(x) = (I_{a+}^{n-\alpha} f)(x)$ 是 $n - \alpha$ 阶分数阶积分(3.1.1)，$g_{n-\alpha}(x) = (I_{b-}^{n-\alpha} g)(x)$ 是 $n - \alpha$ 阶分数阶积分(3.1.2).

如果 $f(x) \in C_\gamma[a,b]$ 和 $f_{n-\alpha}(x) \in C_\gamma^n[a,b]$，则关系式(3.1.39)在任何点 $x \in (a,\ b]$ 成立.特别的，当 $0 < \Re(\alpha) < 1$ 和 $f_{1-\alpha}(x) \in C_\gamma^1[a,b]$ 时，等式(3.1.40)成立.

如果 $g(x) \in C_\gamma[a,b]$ 和 $g_{n-\alpha}(x) \in C_\gamma^n[a,b]$，则等式(3.1.46)在任何点 $x \in (a,\ b]$ 成立.特别的，当 $0 < \Re(\alpha) < 1$ 和 $f_{1-\alpha}(x) \in C_\gamma^1[a,b]$ 时等式(3.1.47)成立.

如果 $f(x) \in C[a,b]$ 和 $f_{n-\alpha}(x) \in C^n[a,b]$.则关系式(3.1.39)和(3.1.46)在任何点 $x \in (a,\ b]$ 成立.特别的，如果 $f(x) \in C^n[a,b]$，则关系式(3.1.41)和(3.1.48)在任何点 $x \in [a,\ b]$ 成立.

附注 3.1.4　对分数阶左微积分算子 $I_{a+}^\alpha f$ 和 $D_{a+}^\alpha y$ 的引理 3.1.8 和 3.1.9 的断言是由 Kilbas 等[①]给出的.对应于分数阶右微积分算子 $I_{b-}^\alpha f$ 和 $D_{b-}^\alpha y$ 的引理 3.1.8 和 3.1.9 的结果可类似证明.

[①] KILBAS A A，BONILL A B，TRUJILLo J J. Existence and uniqueness theorems for nonlinear fractional differential equations[J]. Demonstr Math，2000，33（3）：583-602.

在结束本节之前，我们给出显示具有特殊参数的 Mittag-Leffler 函数的 Riemann-Liouville 分数阶积分(3.1.1)的公式也得到相同类型的函数

$$\left(I_{a+}^{\alpha}\left(t-a\right)^{\beta-1}E_{\mu,\beta}\left[\lambda\left(t-a\right)^{\mu}\right]\right)\left(x\right)=\left(x-a\right)^{\alpha+\beta-1}E_{\mu,\alpha+\beta}\left[\lambda\left(x-a\right)^{\mu}\right] \quad（3.1.53）$$

其中，$\lambda\in\mathbb{C}$，$\Re(\alpha)>0$，$\Re(\beta)>0$，$\Re(\mu)\geqslant 0$.对 Riemann-Liouville 分数阶导数(3.1.5)的类似关系式可直接得到

$$\left(D_{a+}^{\alpha}\left(t-a\right)^{\beta-1}E_{\mu,\beta}\left[\lambda\left(t-a\right)^{\mu}\right]\right)\left(x\right)=\left(x-a\right)^{\beta-\alpha-1}E_{\mu,\beta-\alpha}\left[\lambda\left(x-a\right)^{\mu}\right] \quad（3.1.54）$$

其中，$\lambda\in\mathbb{C}$，$\Re(\alpha)>0$，$\Re(\beta)>0$，$\Re(\mu)\geqslant 0$.

特别的，当 $\beta=\mu=\alpha$ 时，由(3.1.54)可以利用熟知的极限公式

$$\lim_{z\to 0}=\frac{1}{\Gamma(z)}=0 \quad（3.1.55）$$

推导在函数 $e_{\alpha}^{\lambda(x-a)}$ 的下面关系式

$$\left(D_{0+}^{\alpha}e_{\alpha}^{\lambda(T-a)}\right)\left(x\right)=\lambda e_{\alpha}^{\lambda(x-a)} \quad\left(\Re(\alpha)>0;\lambda\in\mathbb{C}\right) \quad（3.1.56）$$

于是，当 $\beta=1$ 和 $\mu=\alpha$ 时，由(3.1.54)，得到对 Mittag-Leffler 函数下面公式

$$\left(D_{0+}^{\alpha}E_{\alpha}\left[\lambda\left(t-a\right)^{\alpha}\right]\right)\left(x\right)=\lambda E_{\alpha}\left[\lambda\left(x-a\right)^{\alpha}\right] \quad\left(\Re(\alpha)>0;\lambda\in\mathbb{C}\right) \quad（3.1.57）$$

最后，我们从分析得到熟知性质的一个类似

$$\frac{\mathrm{d}}{\mathrm{d}x}\int_{a}^{x}K\left(x,t\right)\mathrm{d}t=\int_{a}^{x}\frac{\partial}{\partial x}K\left(x,t\right)\mathrm{d}t+\lim_{t\to x-0}K\left(x,t\right) \quad\left(\Re(\alpha)>0;\lambda\in\mathbb{C}\right) \quad（3.1.58）$$

上述公式成立，只要 $K\left(x,t\right)$ 在 $[a,b]\times[a,b]$ 上连续，$K\left(t,x\right)$ 对任何固定 $t\in[a,b]$，在 $K\left(x,t\right)=k\left(x-t\right)f\left(t\right)$ 情形，$\alpha\left(0<\alpha<1\right)$ 阶 Riemann Liouville 分数阶导数 $\left(D_{a+}^{\alpha}y\right)\left(x\right)$，有关于 $x\in[a,b]$ 的连续偏导数 $\partial/\partial xK\left(x,t\right)$.对此我们需要所谓关于两个变量 $(x,t)\in[a,b]\times[a,b]$ 的函数 $y(x,t)$ 关于 x 的 $\alpha\left(0<\alpha<1\right)$ 阶

Riemann-Liouville 分数阶偏导数，它定义为

$$\left(D_{a+,x}^{\alpha}y\right)(x,t) = \frac{1}{\Gamma(1-a)} \frac{\partial}{\partial x} \int_a^x \frac{y(u,t)\mathrm{d}u}{(x-u)^{\alpha}} \qquad (3.1.59)$$

其中，$0<\alpha<1$；$x>a$；$t\in[a,b]$.以下记号对(3.1.8)中的 Riemann-Liouville 分数阶导数 $\left(D_{a+}^{\alpha}y\right)(x)$ 和由 (3.1.1) 定义的 Riemann-Liouville 分数阶积分 $\left(I_{a+}^{\alpha}f\right)(x)$ 是合适的

$$\left(D_{a+}^{\alpha}y\right)(x) = D_{a+}^{\alpha}\left[y(t)\right](x) \text{ 和 } \left(I_{a+}^{1-\alpha}f\right)(x) = I_{a+}^{1-\alpha}\left[f(t)\right](x) \qquad (0<\alpha<1) \ (3.1.60)$$

下面的引理很容易证明.

引理 3.1.10　设 $a\in\mathbb{R}$ 和 $0<\alpha<1$.又设函数 $f(x)$ 和 $k(x)$ 在$[a,\ b]$有定义，并使得

$$f(x)\in C[a,b] \text{ 和 } L(x) = \int_a^x \tau^{-\alpha}k(x-\tau)\mathrm{d}\tau \in C^1[a,b] \qquad (3.1.61)$$

则对任何 $x\in[a,b]$

$$D_{a+}^{\alpha}\left[\int_a^t k(t-u)f(u)\mathrm{d}u\right]$$

$$\qquad (3.1.62)$$

$$= \int_a^x D_{a+}^{\alpha}\left[k(t-a)\right](u)f(x+a-u)\mathrm{d}u + f(x)\lim_{x\to 0+}I_{a+}^{1-\alpha}\left[k(t-a)\right](x)$$

附注 3.1.5　这里对 $0<\alpha<1$ 叙述引理 3.1.10，只要(3.1.61)中的条件满足，事实上，这个引理对 $\alpha\in\mathbb{C}$ $(0<\Re(\alpha)<1)$ 在对函数 $f(x)$ 和 $k(x)$ 不同于(3.1.61)的条件下也成立.例如，$f(x)$ 可在$[a,\ b]$上 Lebesgue 可测，是 $k(x)$ 在$[a,\ b]$上可几乎处处有 Lebesgue 可测的导数是 $k'(x)$.

附注 3.1.6　对 $a=0$,形如(3.1.62)的关系式与它的形如(3.1.58)的推广一起由 Podlubny[1]正式提出,其中的导数 $\mathrm{d}/\mathrm{d}x$ 由 Riemann-Liouville 分数阶导数 D_{0+}^{α} 代替.

---

[1] PODLUBNY I. Fractional Differential Equations[J]. San Diego：Academic Press，1999.

3.2 半轴上的 Liouville 分数阶积分与分数阶导数

这一节我们叙述半轴 $\mathbb{R}^+$ 上的 Liouville 分数阶积分与分数阶导数的定义和某些性质.

在实直线 $\mathbb{R}$ 的有限区间 $[a，b]$ 上定义的 Riemann-Liouville 分数阶积分 (3.1.1)和(3.1.2)以及分数导数(3.1.5)和(3.1.6)自然课推广到半轴 $\mathbb{R}^+$ 上.对应于(3.1.1)和(3.1.2)的分数阶积分构造分别由以下形式

$$(I_{a+}^{\alpha}f)(x):=\ \frac{1}{\Gamma(a)}\int_{a}^{x}\frac{f(t)\,\mathrm{d}t}{(x-t)^{1-\alpha}}\ (x>a;\Re(\alpha)>0) \tag{3.2.1}$$

和

$$(I_{b-}^{\alpha}f)(x):=\ \frac{1}{\Gamma(a)}\int_{x}^{\infty}\frac{f(t)\,\mathrm{d}t}{(t-x)^{1-\alpha}}\ (x>0;\Re(\alpha)>0) \tag{3.2.2}$$

对应于(3.1.5)和(3.1.6)分数阶微分构造分别定义为

$$(D_{a+}^{\alpha}y)(x):=\left(\frac{\mathrm{d}}{\mathrm{d}x}\right)^{n}(I_{a+}^{n-\alpha}y)(x)=\ \frac{1}{\Gamma(n-a)}\left(\frac{\mathrm{d}}{\mathrm{d}x}\right)^{n}\int_{a}^{x}\frac{y(t)\,\mathrm{d}t}{(x-t)^{\alpha-n+1}} \tag{3.2.3}$$

和

$$(D_{b-}^{\alpha}y)(x):=\left(-\frac{\mathrm{d}}{\mathrm{d}x}\right)^{n}(I_{-}^{n-\alpha}y)(x)=\frac{1}{\Gamma(n-a)}\left(-\frac{\mathrm{d}}{\mathrm{d}x}\right)^{n}\int_{x}^{\infty}\frac{y(t)\,\mathrm{d}t}{(t-x)^{\alpha-n+1}} \tag{3.2.4}$$

其中，$n=\left[\Re(\alpha)\right]+1;\Re(\alpha)\geqslant0;x>0$.

在(3.2.1)和(3.2.2)中的表达式 $I_{0+}^{\alpha}f$ 和 $I_{-}^{\alpha}f$ 以及(3.2.3)和(3.2.4)中的表达式 $D_{0+}^{\alpha}y$ 和 $D_{-}^{\alpha}f$ 称为半轴 $\mathbb{R}^+$ 上的 Liouville 左右分数阶积分与分数阶导数. 特别的，当 $\alpha=n\in\mathbb{N}_{0}$ 时

$$(D_{+}^{0}y)(x)=(D_{-}^{0}y)(x)=y(x)$$

$$(D_{+}^{n}y)(x)=y^{(n)}(x)$$

$$(D_{-}^{n}y)(x)=(-1)^{n}y^{(n)}(x)\quad(n\in\mathbb{N}) \tag{3.2.5}$$

其中 $y^{(n)}(x)$ 是 $y(x)$ 的 n 阶通常导数.

如果 $0<\Re(\alpha)<1$ 和 $x>0$，则

$$(D_{a+}^{\alpha}y)(x)=\frac{1}{\Gamma(1-a)}\frac{\mathrm{d}}{\mathrm{d}x}\int_0^x\frac{y(t)\mathrm{d}t}{(x-t)^{\alpha-[\Re(\alpha)]}} \tag{3.2.6}$$

和

$$(D_-^{\alpha}y)(x)=-\frac{1}{\Gamma(1-a)}\frac{\mathrm{d}}{\mathrm{d}x}\int_0^x\frac{y(t)\mathrm{d}t}{(t-x)^{\alpha-[\Re(\alpha)]}} \tag{3.2.7}$$

如果 $\Re(\alpha)=0(\alpha\neq0)$，则 Liouville 分数阶导数(3.2.6)和(3.2.7)是纯虚数阶的，且分别出以下形式

$$(D_{a+}^{\mathrm{i}\theta}y)(x)=\frac{1}{\Gamma(1-\mathrm{i}\theta)}\frac{\mathrm{d}}{\mathrm{d}x}\int_0^x\frac{y(t)\mathrm{d}t}{(x-t)^{\mathrm{i}\theta}}\ (0\in\mathbb{R}\backslash\{0\};x>0) \tag{3.2.8}$$

和

$$(D_-^{\mathrm{i}\theta}y)(x)=\frac{1}{\Gamma(1-\mathrm{i}\theta)}\frac{\mathrm{d}}{\mathrm{d}x}\int_x^{\infty}\frac{y(t)\mathrm{d}t}{(t-x)^{\mathrm{i}\theta}}\ (0\in\mathbb{R}\backslash\{0\};x>0) \tag{3.2.9}$$

$a=0$ 的 Liouville 分数阶微积分算子 I_{0+}^{α} 和 D_{0+}^{α} 满足关系式(3.1.16)和(3.1.17)，幂函数和指数函数的 Liouville 分数阶微积分算子 I_-^{α} 和 D_-^{α} 分别得到相同形式幂函数和指数函数，但都差一个乘数因子.

性质 3.2.1　设 $\Re(\alpha)\geqslant0$.

（a）如果 $\Re(\alpha)\geqslant0$，则

$$(I_{0+}^{\alpha}t^{\beta-1})(x)=\frac{\Gamma(\beta)}{\Gamma(\beta+a)}x^{\beta+\alpha-1}\ (\Re(\alpha)>0;\Re(\beta)>0) \tag{3.2.10}$$

$$(D_{0+}^{\alpha}t^{\beta-1})(x)=\frac{\Gamma(\beta)}{\Gamma(\beta-a)}x^{\beta-\alpha-1}\ (\Re(\alpha)\geqslant0;\Re(\beta)>0) \tag{3.2.11}$$

（b）如果 $\beta\in\mathbb{C}$，则

$$(I_-^{\alpha}t^{\beta-1})(x)=\frac{\Gamma(1-a-\beta)}{\Gamma(1-\beta)}x^{\beta+\alpha-1}\ (\Re(\alpha)>0;\Re(\alpha+\beta)<1) \tag{3.2.12}$$

$$(D_-^\alpha t^{\beta-1})(x)=\frac{\Gamma(1+a-\beta)}{\Gamma(1-\beta)}x^{\beta-\alpha-1}\quad(\Re(\alpha)\geqslant0;\Re(\alpha+\beta-[\Re(\alpha)])<1)\quad(3.2.13)$$

（c）如果 $\Re(\alpha)\geqslant0$，则

$$(I_-^\alpha\,\mathrm{e}^{-\lambda t})(x)=\lambda^{-\alpha}\,\mathrm{e}^{-\lambda t}\quad(\Re(\alpha)>0)\quad(3.2.14)$$

$$(D_-^\alpha\,\mathrm{e}^{-\lambda t})(x)=\lambda^{\alpha}\,\mathrm{e}^{-\lambda t}\quad(\Re(\alpha)\geqslant0)\quad(3.2.15)$$

当 $0<\alpha<1$ 和 $1\leqslant p<1/\alpha$ 时，对函数 $f(x)\in L_p(\mathbb{R}^+)$ 积分 $I_{0+}^\alpha f$ 和 $I_-^\alpha f$ 有定义.

证明　公式(3.2.10)和(3.2.11)由 $\beta=0$ 时的(3.1.16)和(3.1.17)得到.(3.2.12)是知道的[①] (3.2.13)的证明是利用定义(3.2.4)和(3.2.12)并用 $n-\alpha$ 代替 α，其中 $n=[\Re(\alpha)]+1$.利用这些公式并将得到的关系式微分 n 次，得到

$$(D_-^\alpha t^{\beta-1})(x)=\left(-\frac{\mathrm{d}}{\mathrm{d}x}\right)^n(I^{n-\alpha}t^{\beta-1})(x)$$

$$=\left(-\frac{\mathrm{d}}{\mathrm{d}x}\right)^n\left[\frac{\Gamma(1-n+a-\beta)}{\Gamma(1-\beta)}x^{\beta+n-a-1}\right]$$

$$=(-1)^n\ \frac{\Gamma(1-n+a-\beta)}{\Gamma(1-\beta)}\frac{\Gamma(\beta+n-a)}{\Gamma(\beta-a)}x^{\beta-a-1}\quad(3.2.16)$$

我们也有

$$\Gamma(1-n+a-\beta)\Gamma(\beta+n-a)=\frac{\pi}{\sin[(\beta-an)\pi]}=\frac{(-1)^n\pi}{\sin[(\beta-an)\pi]}\quad(3.2.17)$$

和

$$\frac{1}{\Gamma(\beta-a)}=\frac{\Gamma(1+a-\beta)}{\Gamma(\beta-a)\Gamma(1+a-\beta)}=\frac{\Gamma(1+a-\beta)\sin[(\beta-an)\pi]}{\pi}\quad(3.2.18)$$

将这些关系式带入(3.2.16)得到(3.2.13)，性质(3.2.14)和(3.2.15)是熟知的.

① SAMKO S G，KILBAS A A，MARICHEV O I. Fractional Integrals and Derivatives：Theory and Applications[M].Switzerland：Gordon and Breach Science Publishers，1993.

引理 3.2.1(Hardy-Littlewood 定理) 设 $1 \leq p \leq \infty, 1 \leq q \leq \infty, \alpha > 0$ ，则从 $L_p(\mathbb{R}^+)$ 到 $L_q(\mathbb{R}^+)$ 的算子 I_{0+}^α 和 I_-^α 有界，当且仅当

$$0 < \alpha < 1 ， \quad 1 \leq p < \frac{1}{\alpha} \text{和} \quad q = \frac{p}{1 - \alpha p} \tag{3.2.19}$$

引理 3.2.2(Samko 等([729],定理 5.3 和 5.4)) 设 $1 \leq p \leq \infty, 1 \leq q < \infty, \mu \in \mathbb{R}$ 以及 $0 < \alpha < m + \dfrac{1}{p}$ ， $0 \leq m \leq \alpha$ 和

$$q = \frac{1}{1 - (\alpha - m)p} ， \quad v = \left(\frac{\mu}{p} - m\right)q \tag{3.2.20}$$

其中对 $p = 1$ ， $m \neq 0$.

（a）如果 $\mu < p - 1$ ，则从 $X_{(\mu-1)/p}^p(\mathbb{R}^+)$ 到 $X_{(v+1)/q}^q(\mathbb{R}^+)$ 的算子 I_{0+}^α 有界

$$\left(\int_0^\infty x^v \left|(I_{0+}^\alpha f)(x)\right|^q \mathrm{d}x\right)^{1/q} \leq k_1 \left(\int_0^\infty x^\mu \left|f(x)\right|^p \mathrm{d}x\right)^{1/p} \tag{3.2.21}$$

其中常数 $k_1 > 0$ 不依赖于 f .

（b）如果 $\mu > \alpha p - 1$ ，则从 $X_{(\mu+1)/p}^p(\mathbb{R}^+)$ 到 $X_{(v+1)/q}^q(\mathbb{R}^+)$ 的算子 I_-^α 有界

$$\left(\int_0^\infty x^v \left|(I_-^\alpha f)(x)\right|^q \mathrm{d}x\right)^{1/q} \leq k_2 \left(\int_0^\infty x^\mu \left|f(x)\right|^p \mathrm{d}x\right)^{1/p} \tag{3.2.22}$$

其中常数 $k_2 > 0$ 不依赖于 f .

引理 3.2.3 设 $1 \leq p < \infty$.

(a)如果 $1 < p < \infty$ 和 $\alpha > 0$ ，则从 $L_p(\mathbb{R}^+)$ 到 $X_{1/p-\alpha}^p(\mathbb{R}^+)$ 的算子 I_{0+}^α 有界

$$\left(\int_0^\infty x^{-\alpha p} \left|(I_{0+}^\alpha f)(x)\right|^p \mathrm{d}x\right)^{1/p} \leq \frac{\Gamma(1/p')}{\Gamma(a+1/p)} \left(\int_0^\infty \left|f(x)\right|^p \mathrm{d}x\right)^{1/p} \tag{3.2.23}$$

(b)如果 $1 \leq p < 1/\alpha$ 和 $0 < \alpha < 1$ ，则从 $L_p(\mathbb{R}^+)$ 到 $X_{1/p-\alpha}^p(\mathbb{R}^+)$ 的算子 I_-^α 有界

$$\left(\int_0^\infty x^{-\alpha p}\left|(I_-^\alpha f)(x)\right|^p \mathrm{d}x\right)^{1/p} \leqslant \cdot\frac{\Gamma(1/p-a)}{\Gamma(1/p)}\left(\int_0^\infty \left|f(x)\right|^p \mathrm{d}x\right)^{1/p} \quad (3.2.24)$$

下面断言也成立.

性质 3.2.2 设 $\alpha>0$，$\beta>0$，$p\geqslant 1$ 和 $\alpha+\beta<1/p$.如果 $f(x)\in L_p(\mathbb{R}^+)$，则半群性质

$$(D_{0+}^\alpha I_{0+}^\beta f)(x)=f(x) \text{ 和 } (D_-^\alpha D_-^\beta f)(x)=(x) \quad (3.2.25)$$

成立.(3.2.25)中的关系式对"充分好"的函数 $f(x)$ 也成立.

对"充分好"的函数 $y(x)$，Liouville 分数阶导数 $(D_{0+}^\alpha y)(x)$ 和 $(D_-^\alpha y)(x)$ 存在，例如，对具有紧支集的 $\mathbb{R}^+$ 上所有无穷次可微函数的空间 $C_0^\infty(\mathbb{R}^+)$ 中的函数 $y(x)$.因此，类似于性质 3.1.2 和性质 3.1.3 的下面性质成立.

性质 3.2.3 如果 $\alpha>0$，则对"充分好"的函数 $f(x)$，关系式

$$(D_{0+}^\alpha I_{0+}^\beta f)(x)=f(x) \text{ 和 } (D_-^\alpha D_-^\beta f)(x)=f(x) \quad (3.2.26)$$

成立.

性质 3.2.4 如果 $\alpha>\beta>0$，则对"充分好"的函数 $f(x)$，例如对 $f(x)\in L_1(\mathbb{R}^+)$，关系式

$$(D_{0+}^\alpha I_{0+}^\beta f)(x)=(I_{0+}^{\alpha-\beta})f(x) \text{ 和 } (D_-^\alpha D_-^\beta f)(x)=(I_-^{\alpha-\beta}f)(x) \quad (3.2.27)$$

成立.

特别的，若 $\beta=k\in\mathbb{N}$ 且 $\Re(\alpha)>k$，则

$$(D_{0+}^k I_{0+}^\alpha f)(x)=(I_{0+}^{\alpha-k})f(x) \text{ 和 } (D_-^\alpha D_-^\beta f)(x)=(-1)^k(I_-^{\alpha-\beta}f)(x) \quad (3.2.28)$$

性质 3.2.5 设 $\alpha>0$，$m\in\mathbb{N}$ 和 $D=\mathrm{d}/\mathrm{d}x$.

(a)如果分数阶导数 $(D_{0+}^\alpha y)(x)$ 和 $(D_{0+}^{\alpha+m}y)(x)$ 存在，则

$$(D^m D_{0+}^\alpha y)(x)=(D_{0+}^{\alpha+m}f)(x) \quad (3.2.29)$$

(b)如果分数阶导数 $(D_-^\alpha y)(x)$ 和 $(D_-^{\alpha+m}y)(x)$ 存在，则

$$(D^m D_-^\alpha y)(x)=(-1)^m(D_-^{\alpha+m}f)(x) \quad (3.2.30)$$

Liouville 分数阶积分(3.2.1)和(3.2.2)以及分数阶导数(3.2.3)和(3.2.4)的分

数阶分部积分公式由下面结果给出.

性质 3.2.6　如果 $\alpha>0$，则对"充分好"的函数 φ，ψ 和 f，g，关系式

$$\int_0^\infty \varphi(x)(I_{0+\varphi}^\alpha)(x)\,\mathrm{d}x = \int_0^\infty \psi(x)(I_{0+\varphi}^\alpha)(x)\,\mathrm{d}x \tag{3.2.31}$$

和

$$\int_0^\infty f(x)(I_{0+g}^\alpha)(x)\,\mathrm{d}x = \int_0^\infty g(x)(D_-^\alpha f)(x)\,\mathrm{d}x \tag{3.2.32}$$

成立.

特别的，(3.2.31)对函数 $\varphi(x)\in L_p(\mathbb{R}^+)$ 和 $\psi(x)\in L_q(\mathbb{R}^+)$，以及(3.2.32)对 $f(x)\in I_-^\alpha(L_p(\mathbb{R}^+))$ 和 $g(x)\in I_{0+}^\alpha(L_q(\mathbb{R}^+))$ 成立，只要 $p>1$，$q>1$，$(1/p)+(1/q)=1+\alpha$.

附注 3.2.1　关系式(3.2.31)在 Samko 等的文献[①]中有给出.由(3.2.31)取 $I_{0+\psi}^\alpha=g$ 和 $I_{-\varphi}^\alpha=f$ 得到表达式(3.2.32).

下一个断言得到的(3.2.1)和(3.2.3)中的 Liouville 分数阶积分 $I_{0+}^\alpha f$ 和分数阶导数 $D_{0+}^\alpha y$ 的 Laplace 变换

引理 3.2.4　设对任何 $b>0$，$\Re(\alpha)>0$ 和 $f(x)\in L_1(0,b)$.又设估计

$$|f(x)|\leqslant A\,\mathrm{e}^{p_0 x}\quad(x>b>0) \tag{3.2.33}$$

成立，其中常数 $A>0$，$p_0>0$.

(a)如果对任何 $b>0$，$f(x)\in L_1(0,b)$，则对 $\Re(s)>p_0$，关系式

$$(\ell I_{0+}^\alpha f)(s) = s^{-\alpha}(\pounds f)(p) \tag{3.2.34}$$

(b)如果对任何 $b>0$，$n=[\Re(\alpha)]+1$，$y(x)\in AC^n[0,b]$，而且对常数 $b>0$ 和 $q_0>0$，形如(3.2.33)的下面估计成立

$$|y(x)|\leqslant B\,\mathrm{e}^{q_0 x}\quad(x>b>0) \tag{3.2.35}$$

① SAMKO S G, KILBAS A A, MARICHEV O I, Fractional Integrals and Derivatives: Theory and Applications[M]. Switzerland: Gordon and Breach Science Publishers,1993.

又如果 $y^{(k)}(0)=0(k=0,1,\cdots,n-1)$，则对 $\Re(s)>p_0$ 关系式

$$(\ell D_{0+}^\alpha y)(s)=s^\alpha(\ell y)(s) \tag{3.2.36}$$

成立.

附注 3.2.2　如果对任何 $b>0$，$\Re(\alpha)>0$，$n=[\Re(\alpha)]+1$，$y(x)\in AC^n[0,b]$，条件(3.2.35)满足，而且存在有限极限

$$\lim_{x\to 0+}\left[D^k I_{0+}^{n-\alpha}y(x)\right] \text{和} \lim_{x\to\infty}\left[D^k I_{0+}^{n-\alpha}y(x)\right]=0$$

$(D=\mathrm{d}/\mathrm{d}x; k=0,1,\cdots,n-1)$ 则由(3.2.6)和(1.4.9)，我们得到比(3.2.36)更一般的关系式

$$(\ell D_{0+}^\alpha y)(s)=s^\alpha(\ell y)(s)-\sum_{k=0}^{n-1}s^{n-k-1}D^k(I_{0+}^{n-\alpha}y)(0+)\quad(\Re(s)>q_0) \tag{3.2.37}$$

特别的，如果 $0<\Re(\alpha)<1$，以及对任何 $b>0$，$y(x)\in AC^n[0,b]$，则

$$(\ell D_{0+}^\alpha y)(s)=s^\alpha(\ell y)(s)-(I_{0+}^{1-\alpha}y)(0+) \tag{3.2.38}$$

Liouville 分数阶积分 $I_{0+}^\alpha\varphi$ 和 $I_-^\alpha\varphi$ 以及分数阶导数 $D_{0+}^\alpha f$ 和 $D_-^\alpha y$ 的 Mellin 交换由下面引理给出（Samko 等的文献（[729，定理 7.4 和 7.5]））.

引理 3.2.5　设 $\Re(a)>0$，$s\in\mathbb{C}$ 和 $f(x)\in X_{s+a}^1(\mathbb{R}^+)$.

（a）如果 $\Re(s)<1-\Re(a)$，则

$$(MI_{0+}^a f)(s)=\frac{\Gamma(1-a-s)}{\Gamma(1-s)}(Mf)(s+a)\ (\Re(s+a)<1) \tag{3.2.39}$$

（b）如果 $\Re(s)>0$，则.

$$(MI_-^a f)(s)=\frac{\Gamma(s)}{\Gamma(s+a)}(Mf)(s+a)\ (\Re(s)>0) \tag{3.2.40}$$

引理 3.2.6　设 $\Re(s)>0, n=[\Re(a)]+1, s\in\mathbb{C}$ 和 $y(x)\in X_{s-a}^1(\mathbb{R}^+)$.

（a）如果 $\Re(s)<1+\Re(a)$，而且条件

$$\lim_{x \to 0+}\left[x^{s-k-1}\left(I_{0+}^{n-a}y\right)(x)\right]=0 \qquad (k=0,1,\cdots,n-1) \qquad (3.2.41)$$

和

$$\lim_{x \to \infty}\left[x^{s-k-1}\left(I_{0+}^{n-a}y\right)(x)\right]=0 \qquad (k=0,1,\cdots,n-1) \qquad (3.2.42)$$

成立，则

$$(MD_0^a y)(s)\frac{\Gamma(1+a+s)}{\Gamma(1-s)}(My)(s-a) \qquad (\Re(s-a)<1) \qquad (3.2.43)$$

（b）如果 $\Re(s)>0$ 而且条件

$$\lim_{x \to 0+}\left[x^{s-k-1}\left(I_{0-}^{n-a}y\right)(x)\right]=0 \qquad (k=0,1,\cdots,n-1) \qquad (3.2.44)$$

和

$$\lim_{x \to \infty}\left[x^{s-k-1}\left(I_{0-}^{n-a}y\right)(x)\right]=0 \qquad (k=0,1,\cdots,n-1) \qquad (3.2.45)$$

成立，则

$$(MD_-^a y)(s)\frac{\Gamma(1+a+s)}{\Gamma(1-s)}(My)(s-a) \qquad (\Re(s)>0) \qquad (3.2.46)$$

附注 3.2.3　如果 $\Re(s)>0$ ，$n=[\Re(a)]+1$ ，而条件（3.2.41）（3.2.42）和（3.2.42）（3.2.45）不满足，则由公式（3.2.3）（3.2.4）（3.2.40），分别得到比公式（3.2.43）和（3.2.46）更一般的下面公式

$$(MD_{0+}^a y)(s)\frac{\Gamma(1+a+s)}{\Gamma(1-s)}(My)(s-a)+$$

$$\sum_{k=0}^{n-1}\frac{\Gamma(1+k-s)}{\Gamma(1-s)}\left[x^{s-k-1}(I_{0+}^{s-k-1}-y)(x)\right]_0^{\infty} \qquad (3.2.47)$$

和

$$(MD_-^a y)(s) \frac{\Gamma(s)}{\Gamma(s-a)}(My)(s-a) +$$

$$\sum_{k=0}^{n-1}(-1)^{n-k}\frac{\Gamma(s)}{\Gamma(s-k)}\left[x^{s-k-1}(I_-^{s-k-1}y)(x)\right]_0^\infty \quad (3.2.48)$$

特别的，如果 $0 < \Re(s) < 1$，则

$$(MD_{0+}^a y)(s) \frac{\Gamma(1+a+s)}{\Gamma(1-s)}(My)(s-a) + \left[x^{s-1}(I_{0+}^{1-a}y)(x)\right]_0^\infty \quad (3.2.49)$$

和

$$(MD_-^a y)(s) \frac{\Gamma(s)}{\Gamma(s-a)}(My)(s-a) + \left[x^{s-k-1}(I_-^{n-a}y)(x)\right]_0^\infty \quad (3.2.50)$$

含有 Mittag-Leffler 函数公式对 Liouville 分数阶积分和分数阶导数也成立

$$\left[I_0^a + t^{\beta-1}E_{\mu,\beta}(\lambda t^\mu)\right](x) = x^{a+\beta-1}E_{\mu,a+\beta}(\lambda t^\mu) \quad (3.2.51)$$

和

$$\left[D_0^a + t^{\beta-1}E_{\mu,\beta}(\lambda t^\mu)\right](x) = x^{\beta-a-1}E_{\mu,a+\beta}(\lambda t^\mu) \quad (3.2.52)$$

其中，$\lambda \in \mathbb{C}$；$\Re(a) > 0, \Re(\beta) > 0, \Re(\mu) > 0$。

如果，$\mu = a$，则公式（3.2.52）可重写为

$$\left[D_{0+}^a t^{\beta-1}E_{\mu,\beta}(\lambda t^a)\right](x) = \frac{x^{-\beta}}{\Gamma(\beta-a)} + \lambda x^{\beta-1}E_{a,\beta}(\lambda x^a) \quad \lambda \in \mathbb{C} \quad (3.2.53)$$

类似于（3.2.52）的公式对 $\Re(a) > 0$ 和 $\Re(\beta) > [\Re(a)] + 1$ 的 Liouville 分数阶左导数（3.2.4）成立

$$(D_-^a t^{a-\beta}E_{\mu,\beta}(\lambda t^{-a}))(x) = \frac{x^{-\beta}}{\Gamma(\beta-a)} + \lambda x^{-a-\beta}E_{a,\beta}(\lambda x^{-a}) \quad \lambda \in \mathbb{C} \quad (3.2.54)$$

（3.2.53）和（3.2.54）中的结果对 $a > 0$ 和 $\beta > [a] + 1$ 是由 Kilbas 和 Saigo 在[391]中证明的，并 Saigo[1]的文献中得到阐述，他们通过解析延拓扩展到复

---

[1] SAIGO M，KILBAS A A. On Mittag-Leffler type function and applications[J]. Integral

数 α 和 β.

最后，我们指出，Liouville 分数阶积分算子（3.2.1）和（3.2.2）与平移算子 τ_h 以及膨胀算子 II_λ 的复合，对"充分好"的函数 $f(x)$，成立下面公式

$$\tau_h I_{0+}^a f = I_{h+}^a \tau_h f \text{ 和 } \tau_h I_-^a f = I_-^a \tau_h f \ (\alpha>0,\lambda>0) \tag{3.2.55}$$

和

$$II_\lambda I_{0+}^a f = \lambda^a I_{0+}^a II_\lambda f \text{ 和 } II_\lambda I_-^a f = \lambda^a I_-^a II_\lambda f \ (\alpha>0,\lambda>0) \tag{3.2.56}$$

第4章 分数阶偏微分方程

4.1 分数阶扩散方程

本节主要考虑一些具有分数阶拉普拉斯算子的分数阶耗散方程的估计.
考虑如下的分数阶扩散方程:

$$\begin{cases} u_t + (-\Delta)^\alpha u = 0, & (t,x) \in (0,\infty) \times R^d, \\ u(0) = \varphi(x), & x \in R^d. \end{cases} \tag{4.1.1}$$

此方程的解可以利用算子半群的方法表示为

$$u(t) = S^\alpha(t)\varphi = \mathrm{e}^{-t(-\Delta)^\alpha}\varphi.$$

下面我们将证明由 $S^\alpha(t)$ 生成的核函数是 $L^p(R^d)$ 上的有界线性算子, 其中,
$1 \leqslant p \leqslant \infty$.

利用傅里叶变换, 方程(4.1.1)的解可以写为

$$u(t, x) = F^{-1}\left(\mathrm{e}^{-t|\xi|^{2\alpha}}\widehat{\varphi}(\xi)\right) = F^{-1}\left(\mathrm{e}^{-t|\xi|^{2\alpha}}\right) * \varphi(x) = K_t * \varphi \quad, \tag{4.1.2}$$

其中, $K_t(x)$ 的定义是显然的, 即

$$K_t(x) = \frac{1}{(2\pi)^d} \int_{R^d} \mathrm{e}^{ix\cdot\xi} \mathrm{e}^{-t|\xi|^{2\alpha}} \mathrm{d}\xi.$$

显然, 当 $\alpha = \frac{1}{2}$ 时, $K_t(x)$ 为 Gaussian 核函数; 当 $\alpha = -\frac{1}{2}$ 时, $K_t(x)$ 为

Poisson 核函数.

从式(4.1.2)出发, 利用卷积 Young 不等式

$$\|f * g\|_{L^p} \leqslant \|f\|_{L^1}\|g\|_{L^p}, \ \forall f \in L^1(R^d), g \in L^p(R^d), \ \forall_p \in [1, \infty],$$

可知为了得到方程的 (p, p) 型估计, 仅需得到核函数 $K_t(x)$ 的 L^1 估计. 为此, 首先注意到 $K_t(x)$ 的伸缩性质:

$$K_t(x) = \frac{1}{(2\pi)^d} t^{-\frac{d}{2\alpha}} \int_{R^d} e^{i\frac{x}{t^{1/2\alpha}}\eta} e^{-|\eta|^{2\alpha}} d\eta$$

$$= : t^{-\frac{d}{2\alpha}} K\left(\frac{x}{t^{1/2\alpha}}\right),$$

从而仅需考虑核函数$K(x)$的性质:

$$K(x) = (2\pi)^{-d} \int_{R^d} e^{ix\cdot\xi} e^{-|\xi|^{2\alpha}} d\xi.$$

注意到$e^{-|\xi|^{2\alpha}} \in L^1(R^d)$,从而利用傅里叶变换的性质可知$K \in L^\infty(R^d) \cap C(R^d)$.由 Riemann-Lebesgue 引理可知$\lim_{|x|\to\infty} K(x) = 0$,即$K \in L^\infty(R^d) \cap C_0(R^d)$.这里$C_0(R^d)$表示在无穷远处趋于零的连续函数,同理还可以说明,由于$|\xi|^v e^{-|\xi|^{2\alpha}} \in L^1(R^d)$,从而对任意的$v > 0$,$(-\Delta)^{v/2} K \in L^\infty(R^d) \cap C_0(R^d)$.由于$i\xi e^{-|\xi|^{2\alpha}} \in [L^1(R^d)]^d$,可知$\nabla K \in L^\infty(R^d) \cap C_0(R^d)$.事实上,函数$e^{-|\xi|^{2\alpha}} \in S(R^d)$,Schwartz 速降函数空间,由傅里叶变换的性质可知$K \in S(R^d)$.

引理 4.1.1 核函数$K(x)$满足点态估计

$$|K(x)| \leqslant C(1 + |x|)^{-d-2\alpha}, \quad x \in R^d, \quad \alpha > 0,$$

从而

$$K \in L^p(R^d), \qquad p \in [1, \infty]$$

证明 引入不变导数

$$L(x, D) = \frac{x \cdot D}{|x|^2} = \frac{x \cdot \nabla_\xi}{i|x|^2},$$

则$L(x, D)^{e^{ix\cdot\xi}} = e^{ix\cdot\xi}$,其共轭算子定义为$L^*(x, D) = -\frac{x \cdot \nabla_\xi}{i|x|^2}$,引入$C^\infty(R^d)$截断函数

$$x(\xi) = \begin{cases} 1, & |\xi| \leqslant 1, \\ 0, & |\xi| > 2, \end{cases}$$

从而可以将核函数写为

$$K(x) = (2\pi)^{-d} \int_{R^d} e^{ix\cdot\xi} L^*\left(e^{-|\xi|^{2\alpha}}\right) d\xi$$

$$= (2\pi)^{-d} \int_{R^d} e^{ix\cdot\xi} \chi^*(\xi/\delta) L^*\left(e^{-|\xi|^{2\alpha}}\right) d\xi$$

$$+ (2\pi)^{-d} \int_{R^d} e^{ix\cdot\xi} \left(1 - \chi(\xi/\delta)\right) L^*\left(e^{-|\xi|^{2\alpha}}\right) d\xi$$

$$=: \mathrm{I} + \mathrm{II}$$

其中, $\delta > 0$ 待定.

显然

$$\left|\mathrm{I}\right| \leqslant \frac{C}{|x|} \int_{|\xi| \leqslant 2\delta} |\xi|^{2\alpha-1} d\xi \leqslant C|x|^{-1} \delta^{2\alpha+d-1}$$

对于充分大的 N（如 $N > [2\alpha] + d$）, 利用分部积分可知

$$\left|\mathrm{II}\right| \leqslant (2\pi)^{-d} \int_{R^d} \left|e^{ix\cdot\xi} (L^*)^{N-1} \left(1 - \chi(\xi/\delta)\right)\right| L^*\left(e^{-|\xi|^{2\alpha}}\right) d\xi$$

$$\leqslant C|x|^{-N} \int_{|\xi| \geqslant \delta} \sum_{j=1}^{N} |\xi|^{2j\alpha-N} e^{-|\xi|^{2\alpha}} d\xi$$

$$+ C|x|^{-N} \sum_{k=1}^{N-1} C_k \delta^{-k} \int_{\delta \leqslant |\xi| \leqslant 2\delta} \sum_{l=1}^{N-k} C_l |\xi|^{2j\alpha-N+k} e^{-|\xi|^{2\alpha}} d\xi$$

$$\leqslant C|x|^{-N} \int_{|\xi| \geqslant \delta} |\xi|^{2\alpha-N} e^{-|\xi|^{2\alpha}} d\xi + C|x|^{-N} \int_{|\xi| \geqslant \delta} |\xi|^{2\alpha-N} |\xi|^{2\alpha(N-1)} e^{-|\xi|^{2\alpha}} d\xi$$

$$+ C|x|^{-N} \sum_{k=1}^{N-1} \int_{\delta \leqslant |\xi| \leqslant 2\delta} \left(|\xi|^{2\alpha-N} e^{-|\xi|^{2\alpha}} + |\xi|^{2\alpha(N-k)-N} e^{-|\xi|^{2\alpha}}\right) d\xi,$$

注意到对任意的 $k = 1, 2, \cdots, N-1$, 有 $|\xi|^{2\alpha(N-1)} e^{-|\xi|^{2\alpha}} \leqslant C$, $|\xi|^{2\alpha(N-k-1)} e^{-|\xi|^{2\alpha}}$
$\leqslant C$, 从而有

$$|\mathrm{II}| \leqslant C|\xi|^{-N}\left(\int_{|\xi|\geqslant\delta}|\xi|^{2\alpha-N}\mathrm{d}\xi + \int_{\delta\leqslant|\xi|\leqslant2\delta}|\xi|^{2\alpha-N}\mathrm{d}\xi\right) \leqslant C|x|^{-N}\delta^{2\alpha-N+d}$$

从而可以得到估计

$$|K(x)| \leqslant C|x|^{-1}\delta^{2\alpha+d-1} + C|x|^{-N}\delta^{2\alpha-N+d}$$

选取 $\delta = |x|^{-1}$ 可知

$$|K(x)| \leqslant C|x|^{-d-2\alpha}, \quad \forall x \in R^d$$

引理证毕.

该引理的证明技巧在调和分析理论以及偏微分方程的分析中经常用到,类似地,运用该技巧还可以证明如下引理:

引理 4.1.2 核函数 $K(x)$ 满足如下估计:对任意的 $v > 0$,

$$|(-\Delta)^{v/2}K(x)| \leqslant C(1+|x|)^{-d-v}, \; \forall x \in R^d.$$

从而可以对任意的 $1 \leqslant p \leqslant \infty$,$K^v \in L^p(R^d)$.

注 4.1.1 ①类似地,还可以得到估计 $|\nabla K(x)| \leqslant C(1+|x|)^{-d-1}$,从而 $\nabla K \in L^p(R^d) 1 \leqslant p \leqslant \infty$.

②由上述引理可知,对任意的 $p \in [1,\infty], 0 < t < \infty$,核函数 $K_t(x)$ 满足:

$$K_t \in L^p(R^d), \quad (-\Delta)^{v/2}K_t \Big/ L^p(R^d), \quad \nabla K_t \in L^p(R^d)$$

4.2 分数阶 Schrödinger 方程

本节主要考虑分数阶 Schrödinger 方程,分为两部分,其一考虑空间分数阶导数,其二考虑时间分数阶导数的非线性 Schrödinger 方程.

4.2.1 空间分数阶 导数的 Schrödinger 方程

本节主要考虑如下的具有周期边界条件的分数阶非线性 Schrödinger 方程:

$$\begin{cases} iu_t + (-\Delta)^\alpha u + \beta |u|^\rho u = 0, & x \in R^n, t > 0 \\ u(x,0) = u_0(x), & x \in R^n \\ u(x + 2\pi e_i, t) = u(x,t), & x \in R^n, t > 0 \end{cases} \qquad (4.2.1)$$

其中，$e_i = (0, \cdots, 0, 1, 0, \cdots, 0)$，$i = 1, \cdots, n$ 是 R^n 中的一组标准正交基，$i = \sqrt{-1}$ 为虚数单位，$\alpha \in (0, 1)$，$\beta \in R$，$\beta \neq 0$ 且 $\rho > 0$ 为实数. 下面通常记 $\Omega = (0, 2\pi) \times \cdots \times (0, 2\pi) \subset R^n$.

当 $\alpha = 1$，方程 (4.2.1) 为经典的非线性 Schrödinger 方程，并在最近几十年得到了大量广泛的研究，其初边值问题弱解的存在唯一性可以参考郭柏灵、汪礼礽译的《非线性边值问题的一些解法》. 其光滑解的整体存在性可以参考郭柏灵的《非线性演化方程》. 在这里，我们主要通过能量方法研究分数阶非线性 Schrödinger 方程光滑解的存在唯一性，具体地，我们将证明如下定理：

定理 4.2.1　令 $\alpha > \frac{n}{2}$. 如果 ρ 为偶数，则假设：如果 $\beta > 0$，则 $\rho > 0$；如果 $\beta < 0$，则令 $0 < \rho < \frac{4\alpha}{n}$. 如果 ρ 不是偶数，则假设 $\beta > 0$ 时，$\rho > 2[\alpha] + 1$；如果 $\beta < 0$，则令 $2[\alpha] + 1 < \rho < \frac{4\alpha}{n}$. 则对任意的 $u_0 \in H^{4\alpha}$，方程（4.2.1）存在唯一的整体光滑解 u 使得

$$u \in L^\infty \left(0, T; H^{4\alpha}(\Omega)\right), \ u_t \in L^\infty \left(0, T; H^{2\alpha}(\Omega)\right).$$

定理 4.2.2　令 $\alpha > 0$，以及 $u_0 \in H^\alpha(\Omega)$，当 $\beta > 0$ 时，如果 $\alpha \geq \frac{n}{2}$，则假设 $\rho > 0$；如果 $\alpha < \frac{n}{2}$，则假设 $0 < \rho < \frac{4\alpha}{n - 2\alpha}$. 当 $\beta < 0$ 时，则假设 $0 < \rho < \frac{4\alpha}{n}$. 则方程（4.2.1）存在唯一的整体解 $u = u\left(t, x\right)$ 使得

$$u \in L^\infty \left(0, T; H^{4\alpha}(\Omega) \cap L^{\rho+2}(\Omega)\right), u_t \in L^\infty \left(0, T; H^{-\alpha}(\Omega)\right). \qquad (4.2.2)$$

下面先给出一些符号及说明. 由于 u 是周期函数，此时可以将 u 利用傅里叶级数展开：

$$u = \sum_{k \in Z^n} a_k e^{i\langle k, x \rangle},$$

其中，a_k 是 u 的傅里叶系数. 从而

$$\partial_{x_j} u = \sum_{k \in Z^n} ik_j a_k e^{i\langle k, x \rangle}.$$

此时可以将分数阶拉普拉斯算子 $(-\Delta)^\alpha$ 表示为

$$(-\Delta)^\alpha u = \sum_{k \in Z^n} |k|^{2\alpha} a_k e^{i\langle k, x \rangle}.$$

令 A 表示如下集合:

$$A = \left\{ u \middle| u = \sum_{k \in Z^n} a_k e^{i\langle k, x \rangle}, \sum_{k \in Z^n} |k|^{4\alpha} a_k^2, \sum_{k \in Z^n} a_k^2 < \infty \right\}$$

令 H^α 表示集合 A 在如下范围下的完备化,

$$\|u\|H^\alpha = \left(\sum_{k \in Z^n} |k|^{4\alpha} a_k \right)^{1/2} + \left(\sum_{k \in Z^n} a_k^2 \right)^{1/2}.$$

显然,H^α 为 Banach 空间. 容易验证 H^α 在如下内积下为 Hilbert 空间:

$$\left(u, v \right) H^\alpha = [(-\Delta)^\alpha u, (-\Delta)^\alpha v] = \sum_{k \in Z^n} |k|^{4\alpha} a_k b_k$$

下面,函数空间 $H = L^2(\Omega)$ 的范数常记为 $\|\cdot\|$,其内积用 $(\cdot, \cdot)$ 表示;$L^p(\Omega)$ 的范数记为 $\|\cdot\|_{L^p(\Omega)}$. 显然 $\|\cdot\|_{L^2(\Omega)} = \|\cdot\|$. $H^{-\alpha}$ 表示 H^α 的对偶空间. 为了研究问题(4.2.1),引入如下的 Banach 空间 $V = H^\alpha(\Omega) \cap L^{p+2}(\Omega)$,其范数为

$$\|v\|_V = \|v\|_{H^\alpha(\Omega)} + \|v\|_{L^{p+2}(\Omega)}.$$

定义 4.2.1 记 $L^p\left(0, T; X \right)$ 为所有可测函数 $f: \left[0, T \right] \to X$ 的集合,其范数表示为

$$\|f\|_{L^p\left(0, T; X \right)} = \left(\int_0^T \|f\|_X^p dt \right)^{\frac{1}{p}}, 1 \leq p < \infty,$$

且当 $p = \infty$ 时,

$$\|f\|_{L^\infty\left(0, T; X \right)} = \limsup_{0 \leq t \leq T} \|f\|_X$$

记 $C([0, T]; X)$ 为所有连续函数 $f: [0, T] \to X$ 的集合，其范数表示为

$$\|f\|_{C([0, T]; X)} = \max_{0 \leqslant t \leqslant T} \|f\|_X$$

下面给出一些先验估计，并给出定理 4.2.2 的证明.

引理 4.2.1 设 $\alpha > 0$，$\rho > 0$，如果 $u = u(t, x)$ 为方程 (4.2.1) 的解，则

$$\sup_{0 \leqslant t \leqslant T} \|u(t)\| = \|u_0\|.$$

此引理是显然的，仅需将方程乘以 $\overline{u}$，然后关于空间变量 x 在 Ω 上积分，取其虚部可知

$$\frac{\mathrm{d}}{\mathrm{d}t} \|u(t)\|^2 = 0. \tag{4.2.3}$$

下面，以 T 表示任意的正常数，以 C 表示依赖于初值以及 T 的不同常数.

引理 4.2.2 设 $\alpha > 0$，$\beta > 0$ 时，设 $\rho > 0$；当 $\beta < 0$ 时，设 $0 < \rho < \frac{4\alpha}{n}$.则方程的解 u 满足如下的先验估计：

$$\sup_{0 \leqslant t \leqslant T} \left(\|(-\Delta)^{\alpha/2} u\| + \|u\|_{L^{\rho+2}} \right) \leqslant C \left(\|u_0\|_{H^\alpha}, \|u_0\|_{L^{\rho+2}} \right).$$

证明：将方程乘以 $\overline{u}_t$，并关于 x 变量积分可得

$$\left(iu_t, u_t \right) + \left[(-\Delta)^\alpha u, u_t \right] + \left(\beta |u|^\rho u, u_t \right) = 0$$

取实部可得

$$\frac{\mathrm{d}}{\mathrm{d}t} \int_\Omega \left(\left| (-\Delta)^{\alpha/2} u \right|^2 + \frac{2\beta}{\rho+2} |u|^{\rho+2} \right) \mathrm{d}x = 0,$$

利用式 (4.2.3) 可知

$$\left\| (-\Delta)^{\alpha/2} u \right\|^2 + \frac{2\beta}{\rho+2} \|u\|_{L^{\rho+2}(\Omega)}^{\rho+2} = \left\| (-\Delta)^{\alpha/2} u_0 \right\|^2 + \frac{2\beta}{\rho+2} \|u_0\|_{L^{\rho+2}(\Omega)}^{\rho+2} = E_{u_0}.$$

$$\tag{4.2.4}$$

如果 $\beta > 0$，利用式 (4.2.4) 可知

$$\left\|(-\Delta)^{\alpha/2}u\right\|^2 \leqslant E(u_0) \leqslant C\|u_0\|_{H^\alpha(\Omega)}, \quad \|u_0\|_{L^{\rho+2}(\Omega)}$$

$$\|u\|_{L^{\rho+2}(\Omega)} \leqslant C\left(\|u_0\|_{H^\alpha(\Omega)}, \quad \|u_0\|_{L^{\rho+2}(\Omega)}\right)$$

当 $\beta < 0$ 时，令 $\theta = \dfrac{n\rho}{2\alpha(\rho+2)} < 1$，则可利用 Schrödinger-Nirenberg 不等式可知

$$\|u\|_{L^{\rho+2}(\Omega)}^{\rho+2} \leqslant C\left\|(-\Delta)^{\alpha/2}u\right\|^{\theta(\rho+2)}\|u\|^{(1-\theta)(\rho+2)} \leqslant C\left\|(-\Delta)^{\alpha/2}u\right\|^{\frac{n\rho}{2\alpha}},$$

其中，显然

$$\frac{1}{\rho+2} = \theta\left(\frac{1}{2} - \frac{\alpha}{n}\right) + (1-\theta)\frac{1}{2}.$$

由于 $\rho = \dfrac{4\alpha}{n}$，即 $\dfrac{n\rho}{2\alpha} < 2$，从而可知

$$\frac{2|\beta|}{\rho+2}\|u\|_{L^{\rho+2}(\Omega)}^{\rho+2} \leqslant \frac{1}{2}\left\|(-\Delta)^{\alpha/2}u\right\|^2 + C, \qquad (4.2.5)$$

由此利用式（4.2.4）以及不等式（4.2.5）可知

$$\left\|(-\Delta)^{\alpha/2}u\right\|^2 \leqslant C\left(\|u_0\|_{H^\alpha(\Omega)}, \quad \|u_0\|_{L^{\rho+2}(\Omega)}\right).$$

$$\|u\|_{L^{\rho+2}(\Omega)} \leqslant C\left(\|u_0\|_{H^\alpha(\Omega)}, \quad \|u_0\|_{L^{\rho+2}(\Omega)}\right).$$

引理 4.2.3 令 $\alpha > \dfrac{n}{2}$，设 ρ 满足引理 4.2.2 的条件，则 u 满足

$$\sup_{0 \leqslant t \leqslant T}\left(\|u_t\| + \|(-\Delta)^\alpha u\|\right) \leqslant C(\|u_0\|_{H^{2\alpha}(\Omega)}). \qquad (4.2.6)$$

证明 将方程关于时间 t 微分，乘以 u_t，并关于 x 在 Ω 上积分可得

$$\left(iu_{tt}, \ u_t\right) + [(-\Delta)^\alpha u_t, \ u_t] + \left(\frac{\mathrm{d}}{\mathrm{d}t}(\beta|u|^\rho u), \ u_t\right) = 0,$$

取其虚部可知

$$\frac{1}{2}\frac{\mathrm{d}}{\mathrm{d}t}\|u_t\|^2 + \mathrm{Im}\left(\frac{\mathrm{d}}{\mathrm{d}t}(\beta|u|^\rho u), \ u_t\right) = 0, \qquad (4.2.7)$$

又由于

$$\mathrm{Im}\left(\frac{\mathrm{d}}{\mathrm{d}t}(\beta|u|^\rho u), \ u_t\right) = \mathrm{Im}\int_\Omega \frac{\mathrm{d}}{\mathrm{d}t}(\beta|u|^\rho u)\overline{u}_t \mathrm{d}x$$

$$= \operatorname{Im} \int_{\Omega} \beta |u|^{\rho} |u_t|^2 \mathrm{d}x + \operatorname{Im} \int_{\Omega} \frac{\rho\beta}{2} |u|^{\rho-2} (|u_t|^2 |u|^2 + u^2 \overline{u}_t^2) \mathrm{d}x$$

$$= \operatorname{Im} \int_{\Omega} \frac{\rho\beta}{2} |u|^{\rho-2} (u^2 \overline{u}_t^2) \mathrm{d}x,$$

（4.2.8）

从而由式（4.2.7）以及式（4.2.8）可知

$$\frac{1}{2} \frac{\mathrm{d}}{\mathrm{d}t} \|u_t\|^2 + \operatorname{Im} \int_{\Omega} \frac{\rho\beta}{2} |u|^{\rho-2} (u^2 \overline{u}_t^2) \mathrm{d}x = 0.$$

将此式关于时间在 0 到 t 上积分可得

$$\|u_t\|^2 = \int_0^t \operatorname{Im} \int_{\Omega} \rho\beta |u|^{\rho-2} (u^2 \overline{u}_t^2) \mathrm{d}x \mathrm{d}s + \left\| u_t(x, 0) \right\|^2$$

$$\leqslant C \int_0^t \int_{\Omega} |u|^2 |u_t|^2 \mathrm{d}x \mathrm{d}s + \left\| u_t(x, 0) \right\|^2.$$

（4.2.9）

利用方程(4.2.1)，以及 Sobolev 嵌入不等式 $\|u\|_{L^\infty} \leqslant C \|u\|_{H^\alpha(\Omega)} \leqslant C \left(\alpha > \frac{n}{2} \right)$ 可知

$$\left\| u_t(x, 0) \right\|^2 \leqslant C \|(-\Delta)^\alpha u_0\| + C \|\beta |u_0|^\rho u_0\| \leqslant C(\|u_0\|_{H^{2\alpha}(\Omega)}).$$

由此利用式（4.2.9）可知

$$\|u_t\|^2 \leqslant C \int_0^t \|u\|_{L^\infty(\Omega)}^\rho \|u_t\|^2 \mathrm{d}s + \left\| u_t(x, 0) \right\|^2 \leqslant C \int_0^t \|u_t\|^2 \mathrm{d}s + C(\|u_0\|_{H^{2\alpha}(\Omega)}).$$

由此利用式 Gronwall 不等式可知

$$\|u_t\|^2 \leqslant C(\|u_0\|_{H^{2\alpha}}),$$

由此利用方程可知

$$\|(-\Delta)^\alpha u\| \leqslant \|u_t\| + \|\beta |u|^\rho u\| \leqslant C(\|u_0\|_{H^{2\alpha}(\Omega)}) + C \|u\|_{L^\infty(\Omega)}^\rho \|u\| \leqslant C(\|u_0\|_{H^{2\alpha}(\Omega)}).$$

引理 4.2.4　设 $\alpha > \frac{n}{2}$，如果 ρ 是偶数则假设 ρ 满足引理 4.4 的假设；如果 ρ 不是偶数，当 $\beta > 0$，则假设 $\rho > [\alpha]$，当 $\beta < 0$ 时，假设 $[\alpha] < \rho < \frac{4\alpha}{n}$，则方程的解 $u = u(t, x)$

满足先验估计

$$\sup_{0\leqslant t\leqslant\infty}\left\|(-\Delta)^{\alpha/2}u_t\right\|\leqslant C(\|u_0\|_{H^{3\alpha}(\Omega)})$$

证明 将方程（4.2.1）关于时间变量微分，乘以 $\overline{u_{tt}}$，然后关于空间变量 x 在 Ω 上积分可得

$$\left(iu_{tt},\ u_{tt}\right)+\left((-\Delta)^{\alpha}u_t,\ u_{tt}\right)+\left(\frac{\mathrm{d}}{\mathrm{d}t}(\beta|u|^{\rho}u),\ u_{tt}\right)$$

利用分部积分可得

$$\frac{\mathrm{d}}{\mathrm{d}t}\left\|(-\Delta)^{\alpha/2}u_t\right\|^2+2\mathrm{Re}[\frac{\mathrm{d}}{\mathrm{d}t}(\beta|u|^{\rho}u),\ u_{tt}]=0$$

又由于

$$2\mathrm{Re}[\frac{\mathrm{d}}{\mathrm{d}t}(\beta|u|^{\rho}u),\ u_{tt}]$$

$$=\int_{\Omega}\left(\frac{\rho}{2}+1\right)\beta|u|^{\rho}\frac{\mathrm{d}}{\mathrm{d}t}|u_t|^2\mathrm{d}x$$

$$+\int_{\Omega}\frac{\rho\beta}{4}|u|^{\rho-2}\left(u^2\frac{\mathrm{d}}{\mathrm{d}t}\overline{u}_t^2+\overline{u}^2\frac{\mathrm{d}}{\mathrm{d}t}u_t^2\right)\mathrm{d}x,$$

从而

$$\frac{\mathrm{d}}{\mathrm{d}t}\left\|(-\Delta)^{\alpha/2}u_t\right\|^2$$

$$+\int_{\Omega}\left(\frac{\rho}{2}+1\right)\beta|u|^{\rho}\frac{\mathrm{d}}{\mathrm{d}t}|u_t|^2\mathrm{d}x$$

$$+\int_{\Omega}\frac{\rho\beta}{4}|u|^{\rho-2}\left(u^2\frac{\mathrm{d}}{\mathrm{d}t}\overline{u}_t^2+\overline{u}^2\frac{\mathrm{d}}{\mathrm{d}t}u_t^2\right)\mathrm{d}x.$$

由此可知

$$\frac{\mathrm{d}}{\mathrm{d}t}\left\|(-\Delta)^{\alpha/2}u_t\right\|^2 \frac{\mathrm{d}}{\mathrm{d}t}\int_\Omega \left(\frac{\rho}{2}+1\right)\beta|u|^\rho \frac{\mathrm{d}}{\mathrm{d}t}|u_t|^2\mathrm{d}x$$

$$+\frac{\mathrm{d}}{\mathrm{d}t}\int_\Omega \frac{\rho\beta}{4}|u|^{\rho-2}\left(u^2\frac{\mathrm{d}}{\mathrm{d}t}\overline{u}_t^2 + \overline{u}^2\frac{\mathrm{d}}{\mathrm{d}t}u_t^2\right)\mathrm{d}x$$

$$=-\left(\frac{\rho}{2}+1\right)\beta\int_\Omega \frac{\mathrm{d}}{\mathrm{d}t}(|u|^\rho)|u_t|^2\mathrm{d}x$$

$$-\frac{\rho\beta}{4}\int_\Omega \frac{\rho\beta}{4}(|u|^{\rho-2})\overline{u}_t^2\mathrm{d}x - \frac{\rho\beta}{4}\int_\Omega \frac{\mathrm{d}}{\mathrm{d}t}(|u|^{\rho-2}\overline{u}^2)u_t^2\mathrm{d}x$$

$$\leqslant C\int_\Omega |u|^{\rho-1}|u_t|^3\mathrm{d}x$$

$$\leqslant C\|u\|_{L^\infty(\Omega)}^{\rho-1}\|u_t\|_{L^3(\Omega)}^3$$

$$\leqslant C\|u_t\|_{L^3(\Omega)}^3.$$

$$(4.2.10)$$

令 $\theta = \frac{n}{6\alpha} \leqslant \frac{1}{3}$, 则 $\frac{1}{3} = \theta\left(\frac{1}{2}-\frac{\alpha}{n}\right)+(1-\theta)\frac{1}{2}$, 从而 Gagliardo-Nirenberg 不等式以及不等式（4.2.6）可知

$$\|u_t\|_{L^3(\Omega)}^3 \leqslant C\|u_t\|^{3(1-\theta)}\left\|(-\Delta)^{\alpha/2}u_t\right\|^{3\theta} \leqslant C\left\|(-\Delta)^{\alpha/2}u_t\right\|^{3\theta}$$

$$\leqslant C\left\|(-\Delta)^{\alpha/2}u_t\right\|^2 + C.$$

$$(4.2.11)$$

于是利用不等式（4.2.10）和不等式（4.2.11）可知

$$\left\|(-\Delta)^{\alpha/2}u_t\right\|^2 + \int_\Omega \left(\frac{\rho}{2}+1\right)\beta|u|^\rho|u_t|^2\mathrm{d}x + \int_\Omega \frac{\rho\beta}{4}|u|^{\rho-2}(u^2\overline{u}_t^2+\overline{u}^2 u_t^2)\mathrm{d}x$$

$$\leqslant \left\|(-\Delta)^{\alpha/2}u_t(x,0)\right\|^2 + \int_\Omega \left(\frac{\rho}{2}+1\right)\beta|u_0|^\rho|u_t(x,0)|^2\mathrm{d}x +$$

$$\int_\Omega \frac{\rho\beta}{4}|u_0|^{\rho-2}\left(u_0^2\overline{u}_t(x,0)^2 + \overline{u}_0^2 u_t^2(x,0)\right)\mathrm{d}x$$

$$= -\left(\frac{\rho}{2}+1\right)\beta \int_\Omega \frac{\mathrm{d}}{\mathrm{d}t}(|u|^\rho)|u_t|^2 \mathrm{d}x$$

$$-\frac{\rho\beta}{4}\int_\Omega \frac{\mathrm{d}}{\mathrm{d}t}(|u|^{\rho-2}u^2)\overline{u}_t^2 \mathrm{d}x - \frac{\rho\beta}{4}\int_\Omega \frac{\mathrm{d}}{\mathrm{d}t}(|u|^{\rho-2}\overline{u}^2)u_t^2 \mathrm{d}x$$

$$+ C\int_0^t \left\|(-\Delta)^{\alpha/2}u_t\right\|^2 \mathrm{d}s + C$$

$$\leq C + C\int_0^t \left\|(-\Delta)^{\alpha/2}u_t\right\|^2 \mathrm{d}s .$$

$$（4.2.12）$$

事实上，由方程（4.2.1）可知

$$\left\|(-\Delta)^{\alpha/2}u_t(x,0)\right\| \leq \left\|(-\Delta)^{3\alpha/2}u(x,0)\right\| + \left\|(-\Delta)^{\alpha/2}(\beta|u_0|^\rho u_0)\right\|$$

$$\leq C\|u_0\|_{H^{3\alpha}(\Omega)} + C\||u_0|^\rho u_0\|_{H^{[\alpha]+1}(\Omega)} \leq C\|u_0\|_{H^{3\alpha}(\Omega)},$$

其中 $\rho > [\alpha]$. 当 ρ 不是偶数时，

$$\int_\Omega |\beta|\left(\frac{\rho}{2}+1\right)|u|^\rho|u_t|^2 \mathrm{d}x + \int_\Omega \frac{\rho\beta}{4}|u_0|^{\rho-2}[u_0^2\overline{u}_t(x,0)^2 + \overline{u}_0^2 u_t(x,0)^2]\mathrm{d}x$$

$$\leq C\|u_0\|_{L^\infty(\Omega)}^\rho \|u_t(x,0)\|^2 \leq C\left(\|u_0\|_{H^{2\alpha}(\Omega)}\right).$$

利用不等式（4.2.11）可知

$$\int_\Omega |\beta|\left(\frac{\rho}{2}+1\right)|u|^\rho|u_t|^2\mathrm{d}x + \int_\Omega \frac{\rho\beta}{4}|u|^{\rho-2}(u^2\overline{u}_t^2 + \overline{u}^2 u_t^2)\mathrm{d}x$$

$$\leq C\int_\Omega |u|^\rho|u_t|^2\mathrm{d}x \leq C\left(\int_\Omega |u|^{3\rho}\mathrm{d}x\right)^{1/3}\left(\int_\Omega |u_t|^3\mathrm{d}x\right)^{2/3}$$

$$\leq C\left\|(-\Delta)^{\alpha/2}u_t\right\|^{2\theta} \leq \frac{1}{2}\left\|(-\Delta)^{\alpha/2}u_t\right\|^2 + C$$

从而利用不等式（4.2.12）以及 Gronwall 不等式可得

$$\left\|(-\Delta)^{\alpha/2}u_t\right\|^2 \leq C + C\int_0^t \left\|(-\Delta)^{\alpha/2}u_t\right\|^2\mathrm{d}s \leq C(\|u_0\|_{H^{3\alpha}(\Omega)})$$

引理 4.2.5　令 $\alpha = \frac{n}{2}$. 如果 ρ 是偶数时，则假设 ρ 满足引理 4.2.2 的假设；如果 ρ 不是偶数，则当 $\beta > 0$ 时，假设 $\rho > 2[\alpha]+1$；则当 $\beta < 0$ 时，则假设

$2[\alpha] + 1 < \rho < \dfrac{4\alpha}{n}$.则有方程（4.2.1）的解 $u = u(t, x)$满足估计

$$\sup_{0 \leqslant t \leqslant \infty} (\|u_{tt}\| + \|(-\Delta)^{\alpha} u_t\|) \leqslant C(\|u_0\|_{H^{4\alpha}(\Omega)}).$$

　　证明　对方程关于时间二次微分，乘以 $\overline{u}_{tt}$，并关于空间变量 x 在 Ω 上积分可得

$$\left(iu_{tt},\ u_{tt}\right) + \left((-\Delta)^{\alpha} u_{tt},\ u_{tt}\right) + \left[\frac{\mathrm{d}^2}{\mathrm{d}t^2}(\beta|u|^{\rho}u),\ u_{tt}\right] = 0,$$

取其虚部可得

$$\frac{1}{2}\frac{\mathrm{d}}{\mathrm{d}t}\|u_{tt}\|^2 + \mathrm{Im}\left[\frac{\mathrm{d}^2}{\mathrm{d}t^2}(\beta|u|^{\rho}u),\ u_{tt}\right] = 0 \qquad （4.2.13）$$

由于

$$\mathrm{Im}\left[\frac{\mathrm{d}^2}{\mathrm{d}t^2}(\beta|u|^{\rho}u),\ u_{tt}\right]$$

$$= \mathrm{Im}\left(\frac{\rho^2}{2} + \rho\right)\beta\left(|u|^{\rho-2}|u_t|^2 u,\ u_{tt}\right)$$

$$+ \mathrm{Im}\left(\frac{\rho^2}{4} + \frac{\rho}{2}\right)\beta\left(|u|^{\rho-2}|u_t|^2 u,\ u_{tt}\right)$$

$$+ \mathrm{Im}\left(\frac{\rho^2}{4} - \frac{\rho}{2}\right)\beta\left(|u|^{\rho-4}u_t^2 u^3,\ u_{tt}\right)$$

$$+ \mathrm{Im}\frac{\beta\rho}{2}\left(|u|^{\rho-2}u^2 \overline{u}_{tt},\ u_{tt}\right),$$

其右端第一项可以估计为

$$\mathrm{Im}\left(\frac{\rho^2}{2} + \rho\right)\beta\left(|u|^{\rho-2}|u_t|^2 u,\ u_{tt}\right) \leqslant C\int_{\Omega}|u|^{\rho-1}|u_t|^2|u_{tt}|\mathrm{d}x$$

$$\leqslant C\|u\|_{L^{\infty}(\Omega)}^{\rho-1}\|u_t\|_{L^4(\Omega)}^2\|u_{tt}\| \leqslant C\|u_t\|_{L^4(\Omega)}^4 + C\|u_{tt}\|^2.$$

同理，右端第二项和第三项可以估计为

$$\mathrm{Im}\left(\frac{\rho^2}{4}-\frac{\rho}{2}\right)\beta\left(|u|^{\rho-2}u_t^2\overline{u},\ u_{tt}\right)+\mathrm{Im}\left(\frac{\rho^2}{4}-\frac{\rho}{2}\right)\beta\left(|u|^{\rho-4}u_t^2u^3,\ u_{tt}\right)$$

$$\leqslant C\|u_t\|_{L^4(\Omega)}^4+C\|u_{tt}\|^2,$$

其最后一项可以估计为

$$\mathrm{Im}\frac{\beta\rho}{2}\left(|u|^{\rho-2}u^2\overline{u}_{tt,}\ u_{tt}\right)\leqslant\|u_{tt}\|^2. \qquad (4.2.14)$$

由式（4.2.13）和不等式（4.2.14）可得

$$\|u_{tt}\|^2\leqslant C\int_0^t\|u_t\|_{L^4(\Omega)}^4 ds+C\int_0^t\|u_{tt}\|^2 ds+\|u_{tt}(x,0)\|^2. \qquad (4.2.15)$$

令$\theta=\frac{n}{8\alpha}<\frac{1}{4}$，则$\frac{1}{4}=\theta\left(\frac{1}{2}-\frac{n}{\alpha}\right)+(1-\theta)\frac{1}{2}$，由此利用 Gagliardo-Nirenberg 不等式以及引理 4.2.3 和引理 4.2.4 可得

$$\|u_t\|_{L^4(\Omega)}\leqslant C\|u_t\|^{1-\theta}\left\|(-\Delta)^{\alpha/2}u_t\right\|^\theta\leqslant C(\|u_0\|_{H^{3\alpha}(\Omega)}).$$

由方程（4.2.1）以及引理 4.5 可知

$$\left\|u_{tt}\left(x,\ 0\right)\right\|\leqslant\left\|(-\Delta)^\alpha[(-\Delta)^\alpha u_0+\beta|u_0|^\rho u_0]\right\|+\left\|\frac{\mathrm{d}}{\mathrm{d}t}(\beta|u|^\rho u)\right\|$$

$$\leqslant C\|(-\Delta)^{2\alpha}u_0\|+C\|(-\Delta)^\alpha(\beta|u_0|^\rho u_0)\|+C\|u_t(x,0)\|$$

$$\leqslant C(\|u_0\|_{H^{4\alpha}(\Omega)})+C\|(-\Delta)^\alpha(|u_0|^\rho u_0)\|. \qquad (4.2.16)$$

如果$\alpha\geqslant\max\left\{\frac{n}{2},1\right\}$，则

$$\|(-\Delta)^\alpha(|u_0|^\rho u_0)\|\leqslant C\|(-\Delta)^{[\alpha]+1}(\beta|u_0|^\rho u_0)\|\leqslant C(\|u_0\|_{H^{4\alpha}(\Omega)})$$

其中，用到当ρ不是偶数时，$\rho>2[\alpha]+1$.

当$n=1$，且$\frac{1}{2}<\alpha<1$.

$$\|(-\Delta)^\alpha(|u_0|^\rho u_0)\|\leqslant C\|\Delta(|u_0|^\rho u_0)\|\leqslant C(\|u_0\|_{H^{4\alpha}}),$$

因此，由不等式（4.2.16）可知

$$\|u_{tt}(x,0)\|\leqslant C(\|u_0\|_{H^{4\alpha}}),$$

进一步，由不等式（4.2.15）可知

$$\|u_{tt}\|^2\leqslant C\int_0^t\|u_{tt}\|^2 ds+C(\|u_0\|_{H^{4\alpha}(\Omega)}).$$

从而由 Gronwall 不等式得到

$$\|u_{tt}\|^2 \leqslant C\big(\|u_0\|_{H^{4\alpha}(\Omega)}\big)$$

又由于

$$\left\|\frac{\mathrm{d}}{\mathrm{d}t}|u|^\rho u\right\| = \left\|\frac{\rho}{2}|u|^{\rho-2}(u\overline{u}_t + \overline{u}u_t)u + |u|^\rho u_t\right\|$$

$$\leqslant C\|u\|^\rho_{L^\infty(\Omega)}\|u_t\| \leqslant C\big(\|u_0\|_{H^{2\alpha}(\Omega)}\big),$$

进一步，利用方程（4.2.1）可以得到估计

$$\|(-\Delta)^\alpha u_t\| \leqslant C\|u_{tt}\| + C\left\|\frac{\mathrm{d}}{\mathrm{d}t}|u|^\rho u\right\| \leqslant C\big(\|u_0\|_{H^{4\alpha}(\Omega)}\big).$$

从而

$$\sup_{0 \leqslant t \leqslant \infty} \|(-\Delta)^\alpha u_t\| \leqslant C\big(\|u_0\|_{H^{4\alpha}(\Omega)}\big).$$

引理完毕.

4.2.2　时间分数阶导数的 Schrödinger 方程

这一小节的主要目的就是考虑具有时间分数阶导数的 Schrödinger 方程.

$$(\mathrm{i}T_p)^v \mathrm{D}_t^v \psi = -\frac{L_p^2}{2N_m}\partial_x^2\psi + N_V\psi, \tag{4.2.17}$$

以及

$$\mathrm{i}\big(T_p\big)^v \mathrm{D}_t^v \psi = -\frac{L_p^2}{2N_m}\partial_x^2\psi + N_V\psi, \tag{4.2.18}$$

其中，D_t^v 表示 v 阶 Caputo 分数阶导数.

由于方程（4.2.17）的时间导数不是一阶的，首先将方程左端的导数提升至一阶.首先注意到对于 v 阶 Caputo 导数（$0 < v < 1$），

$$\mathrm{D}_t^{1-v}\mathrm{D}_t^v y(t) = \frac{\mathrm{d}}{\mathrm{d}t}y(t) - \frac{[\mathrm{D}_t^v y(t)]_{t=0}}{t^{1-v}\Gamma(v)}. \tag{4.2.19}$$

定义如下参数：

$$\alpha = \frac{N_V}{T_p^v}, \quad \beta = \frac{(L_p)^2}{2N_m(T_p)^v},$$

则方程（4.2.17）可以写为

$$D_t^v \psi = \frac{\beta}{i^v} \partial_x^2 \psi + \frac{\alpha}{i^v} \psi.$$

利用式（4.2.19）得到

$$\partial_t \psi = \frac{\beta}{i^v} \partial_x^2 \left(D_t^{1-v}\psi\right) + \frac{\alpha}{i^v}\left(D_t^{1-v}\psi\right) + \frac{[D^v \psi(t)]_{t=0}}{t^{1-v}\Gamma(v)}. \tag{4.2.20}$$

在该方程中，由于右端 Hamilton 量依赖于时间，不能期望概率守恒.同时由于 Hamilton 量在时间上是非局部的，从而不能期望解关于时间反演的不变性.最后，在右端的第三项中，由于 $0 < v < 1$，从而当时间趋于零时，该项将趋于无穷.

考虑式(4.2.20)中的非局部项

$$D_t^{1-v}\psi(t,x) = \frac{1}{\Gamma(1-v)} \int_0^t \frac{d}{d\tau}\psi(\tau,x)\frac{d\tau}{(t-\tau)^v}.$$

为了解释这一项，先回忆在经典量子力学中对一阶时间导数的解释$\frac{\partial}{\partial t} = \frac{E}{i\hbar}$，其中，$E$ 是能量算子(Hamiltonian).如此，内积$\int_{-\infty}^{\infty} \psi(t,x) * D_t^{1-v}\psi(t,x)dx$ 可以解释为波函数能量的加权时间平均，其权函数为$(t-\tau)^v$.

记$\widetilde{\psi} = D_t^{1-v}\psi$.对于经典的自由粒子的 Schrödinger 方程，其概率流密度及其方程分别为

$$P = \psi\psi^*, \quad \partial_t = \partial_t\psi\psi^* + \psi\partial_t\psi^*$$

与此类似，可以得到分数阶 Schrödinger 方程的概率流方程为

$$\partial_t P = \{-\frac{\beta}{i^v}\partial_x^2\widetilde{\psi} + \frac{[D_t^v\psi(t,x)]_{t=0}}{t^{1-v}\Gamma(v)}\}\psi^* + \psi\{-\frac{\beta}{(-i)^v}\partial_x^2\widetilde{\psi^*} + \frac{[D_t^v\psi^*(t,x)]_{t=0}}{t^{1-v}\Gamma(v)}\},$$

将其整理为

$$\partial_t P + \beta \partial_x [\frac{\partial_x \widetilde{\psi}\psi^*}{i^v} + \frac{\partial_x \widetilde{\psi^*}\psi^*}{(-i)^v}]$$

$$= \beta[\frac{\partial_x \widetilde{\psi}\partial_x \psi^*}{i^v} + \frac{\partial_x \widetilde{\psi^*}\partial_x \psi^*}{(-i)^v}]$$

$$+ \frac{\psi^*[D_t^v \psi(t,x)]_{t=0} + \psi[D_t^v \psi^*(t,x)]_{t=0}}{t^{1-v}\Gamma(v)}.$$

（4.2.21）

此式右端项可以认为是概率流方程中的源, 如果 Hamilton 量不依赖于时间, 即如果$v \to 1$, 则式(4.2.21) 右端为零. 分数阶方程的概率流为(左端第二项)

$$J = \frac{\beta}{c}(\partial_x \widetilde{\psi})\psi^* + \frac{\beta}{(-i)^v}\psi(\partial_x \widetilde{\psi^*}),$$

由于式(4.2.21)右端不为零, 从而对时间分数阶的 Schrödinger 方程而言, 其概率不守恒. 事实上, 记式(4.2.21) 右端项为 S(x, t), 则可以得到

$$\partial_t P + \partial_x J = S,$$

对其关于空间变量积分, 并要求波函数及其-阶导数在无穷远处为零, 则可以得到

$$\partial_t \int_{-\infty}^{\infty} P dx = \int_{-\infty}^{\infty} S dx.$$

1.自由粒子的分数阶 Schrödinger 方程

接下来考虑自由粒子的时间分数阶 Schrödinger 方程:

$$(iT_p)^v D_t^v \psi = -\frac{L_p^2}{2N_m}\partial_x^2 \psi.$$

对其作傅里叶变换, 令$\psi(\xi, t) = F[\psi(x,t)]$, 可得.

$$D_t^v \psi = \frac{(L_p \xi)^2}{2N_m (iT_p)^v}\psi.$$

令 $\omega = (L_p\xi)^2 / 2N_m T_p^v$，利用 Mittag-Leffler 函数，其解可以表示为

$$\Psi = \Psi_0 E_v[\omega(-\mathrm{i}t)^v] \text{或者} \quad \Psi = \frac{\Psi_0}{v}\{e^{-\mathrm{i}\omega^{1/v}t} - vF_v[\omega(-\mathrm{i})^v, t]\}.$$

其中，函数 F_v 定义为

$$F_v(\rho, t) = \frac{\rho \sin(v\pi)}{\pi} \int_{-\infty}^{\infty} \frac{e^{-rt}r^{v-1}\mathrm{d}r}{r^{2v} - 2\rho \cos(v\pi)r^v + \rho^2}.$$

利用傅里叶逆变换可以得到

$$\Psi(x, t) = F^{-1}\int_R e^{\mathrm{i}x\xi}\frac{\Psi_0}{v}\{e^{-\mathrm{i}\omega^{1/v}t} - vF_v[\omega(-\mathrm{i})^v, t]\}\mathrm{d}\xi.$$

由于被积项中第一项是震荡的，第二项是关于时间衰减的，从而可以将其解写为如下两个部分：

$$\Psi(x, t) = \Psi_S(x, t) + \Psi_D(d, t),$$

其中

$$\Psi_S(x, t) = \frac{1}{2\pi v}\int_R e^{\mathrm{i}x\xi}\Psi_0\, e^{-\mathrm{i}\omega^{1/v}t}\mathrm{d}\xi,$$

$$\Psi_D(d, t) = \frac{-1}{2\pi}\int_R e^{\mathrm{i}x\xi}\Psi_0\, F_v[\omega(-\mathrm{i})^v, t]\mathrm{d}\xi.$$

当 $v \to 1$ 时，衰减项 $\psi_D \to 0$，从而方程的解退化为经典的整数阶 Schrödinger 方程.

将初始值 ψ_0 归一化使得

$$\int_R \Psi(x, 0)\Psi^*(x, 0)\mathrm{d}x.$$

考虑总概率随着时间推移的发展情况，特别地考虑时间趋于无穷时的概率极限：

$$\lim_{t\to\infty}\int_R \Psi(x,t)\Psi^*(x,t)\mathrm{d}x$$

$$= \lim_{t\to\infty}\int_R F^{-1}\left(\frac{\Psi_0}{v}\{\mathrm{e}^{-\mathrm{i}\omega^{1/v}t}\right.$$

$$\left. - vF_v[\omega(-\mathrm{i})^v,t]\}\right)F^{-1}\left(\frac{\Psi_0}{v}\{\mathrm{e}^{-\mathrm{i}\omega^{1/v}t} - vF_v[\omega(-\mathrm{i})^v,t]\}\right)^*$$

$$= \frac{2\pi}{v^2}\lim_{t\to\infty}\int_R \Psi_0\{\mathrm{e}^{-\mathrm{i}\omega^{1/v}t}$$

$$- vF_v(\omega(-\mathrm{i})^v,t)\}\left(\Psi_0\{\mathrm{e}^{-\mathrm{i}\omega^{1/v}t} - vF_v(\omega(-\mathrm{i})^v,t]\}\right)^*\mathrm{d}\xi$$

$$= \frac{2\pi}{v^2}\lim_{t\to\infty}\int_R \Psi_0\,\mathrm{e}^{-\mathrm{i}\omega^{1/v}t}\Psi_0^*\mathrm{e}^{\mathrm{i}\omega^{1/v}t}\mathrm{d}\xi = \frac{2\pi}{v^2}\lim_{t\to\infty}\int_R \Psi_0\Psi_0^*\mathrm{d}\xi$$

$$= \frac{1}{v^2}\lim_{t\to\infty}\int_R \Psi_0\Psi_0^*\mathrm{d}x,$$

从而利用归一化条件可得

$$\lim_{t\to\infty}\int_R \Psi(x,t)\Psi^*(x,t)\mathrm{d}x = \frac{1}{v^2} > 1.$$

2.无限深方势阱情形

最后考虑如下的理想情形, 即无限深方势阱中的粒子.势阱表示成

$$V(x) = \begin{cases} 0, & 1 < x < a, \\ \infty, & 其他. \end{cases}$$

此时方程为

$$\begin{cases} (\mathrm{i}T_p)^v \mathrm{D}_t^v\Psi = -\dfrac{L_p^2}{2N_m}\partial_x^2\Psi, \\ \Psi(0,t) = 0, \quad \Psi(a,t) = 0. \end{cases}$$

尝试用分离变量法求解该方程, 为此设 $\Psi(x,t) = X(x)T(t)$, 则可以得到

$$(iT_p)^v \frac{D_t^v T}{T} = -\frac{L_p^2}{2N_m} \frac{\partial_x^2 X}{X} = \lambda.$$

利用边界条件$X(0)=X(a)0$，求解X可得

$$X_n = c_n \sin\left(\frac{n\pi x}{a}\right), \quad \lambda_n = \left(\frac{n\pi L_p^2}{a}\right)^2 \frac{1}{2N_m}.$$

将其归一化，得到本征函数

$$\Psi_n(x) = \sqrt{2/a} \sin(n\pi x / a), \qquad \int_0^a |\Psi_n|^2 dx = 1.$$

此时关于T的方程可以写为

$$D_t^v T = \frac{\lambda_n}{(iT_p)^v} T,$$

从而其解可以利用 Mittag-Leffler 函数表示为[其中令$T(0)= 1$]

$$T_n(t) = E_V[\omega_n(-it)^v],$$

或者

$$T_n(t) = \frac{1}{v}\{e^{-i\omega^{1/v} t} - vF_v[(-i\omega)^v, t]\}, \quad \omega_n = \lambda_n/T_p^v.$$

易知$\lim\limits_{t\to\infty}|T(x)| = \frac{1}{v}$.由$T_n$，$X_n$的表达式可得到初值为本征函数$\psi_n(x,0) = \psi_n(x)$的解的表达式

$$\psi_n(x,t) = \sqrt{\frac{2}{a}} \sin(n\pi x / a) \frac{1}{v}\{e^{-i\omega^{1/v} t} - vF_v[(-i\omega)^v, t]\}.$$

类似于自由粒子情形可以得到

$$\lim_{t\to\infty} \int_0^a \Psi_n(x,t)\, \Psi_n(x,t)^* dx = \frac{1}{v^2}.$$

4.3　分数阶 Ginzburg–Landau 方程

这一节考虑分数阶复 Ginzburg-Landau 方程(FCGL)

$$u_t = Ru - (1 + iv)(-\Delta)^\alpha u - (1 + i\mu)|u|^{2\sigma}u, \qquad （4.3.1）$$

其中，$\alpha \in (0, 1)$，$u(x,t)$为关于t和x的复值函数，系数R，μ，v，σ均为实数.当$\alpha = 1$，方程退化为经典的 Ginzburg- Landau 方程.

这里的主要目的是讨论该方程解的存在唯一性，及其无穷维动力学行为，为了简化起见，我们将讨论周期情形$\mathbf{T}^d = [0, 2\pi]^d$.我们将讨论分为三个部分，首先我们将证明弱解的整体存在性；其次我们考虑强解的整体存在性；最后我们讨论方程所导致的无穷维动力系统的动力学行为，建立吸引子的存在性.

4.3.1　弱解的存在性

这一节考虑方程(4.3.1) 弱解的存在性，我们将建立如下的定理：

定理 4.3.1　对任意的$\varphi \in L^2(\mathbf{T}^d)$，存在函数

$$\varphi \in C\left([0,T]; \omega - L^2(\mathbf{T}^d)\right) \cap L^2\left([0,T]; H^\alpha(\mathbf{T}^d)\right) \cap L^{2\varsigma}\left([0,T]; L^{2\varsigma}(\mathbf{T}^d)\right)$$

在弱意义下满足 FCGL 方程

$$\langle u(t), \phi^* \rangle - \langle \varphi, \phi^* \rangle$$

$$= R \int_0^t \langle u, \phi^* \rangle \mathrm{d}\tau - \int_0^t (1 + iv)\langle \Lambda^\alpha u, \Lambda^\alpha \phi^* \rangle \mathrm{d}\tau$$

$$- \int_0^t (1 + i\mu)\langle |u|^{2\sigma}u, \phi^* \rangle \mathrm{d}\tau, \quad \phi \in C^\infty(\mathbf{T}^d),$$

$$（4.3.2）$$

且如下的能量恒等式成立：

$$\frac{1}{2}\|u(t)\|_{L^2}^2 + \int_0^t \|\Lambda^\alpha u\|_{L^2}^2 \mathrm{d}\tau + \int_0^t \|u\|_{L^{2\varsigma}}^{2\varsigma} \mathrm{d}\tau \leqslant \frac{1}{2}\|\varphi\|_{L^2}^2 + R\int_0^t \|u\|_{L^2}^2 \mathrm{d}\tau.$$

$$（4.3.3）$$

注 4.3.1　称$u \in C([0,T]; \omega - L^2(\mathbf{T}^d)$，如果对任意的$\phi \in L^2(\mathbf{T}^d)$都有

$\langle u(t), \phi \rangle \in C([0, T])$.

我们首先建立如下的先验估计:

引理 4.3.1   令 u 为 FCGL 方程的光滑解, 其初值为 φ, 则

$$\|u(t)\|_{L^2}^2 \leqslant e^{2Rt} \|\varphi\|_{L^2}^2,$$

$$(4.3.4)$$

且

$$\|u(t)\|_{L^2}^2 + 2\int_0^t \|\Lambda^\alpha u\|_{L^2}^2 d\tau + 2\int_0^t \|u\|_{L^{2\varsigma}}^{2\varsigma} d\tau \leqslant e^{2Rt} \|\varphi\|_{L^2}^2. \quad (4.3.5)$$

证明   将 FCGL 方程乘以 u^*, 并在 $\mathbf{T}^d$ 上积分可得

$$\int_{\mathbf{T}^d} u_t u^* = R\int_{\mathbf{T}^d} uu^* dx - (1+iv)\int_{\mathbf{T}^d} (-\Delta)^\alpha uu^* dx - (1+i\mu)\int_{\mathbf{T}^d} |u|^{2\sigma} uu^* dx.$$

类似地对方程取复共轭, 乘以 u 并在 T^d 上积分可得

$$\int_{\mathbf{T}^d} u_t^* u = R\int_{\mathbf{T}^d} u^* u dx - (1-iv)\int_{\mathbf{T}^d} (-\Delta)^\alpha u^* u dx - (1-i\mu)\int_{\mathbf{T}^d} |u|^{2\sigma} u^* u dx.$$

将上述两式相加并利用分部积分可得

$$\frac{d}{dt}\int_{\mathbf{T}^d} |u|^2 dx + 2\int_{\mathbf{T}^d} |\Lambda^\alpha u|^2 dx + 2\int_{\mathbf{T}^d} |u|^{2\varsigma} dx \leqslant 2R\int_{\mathbf{T}^d} |u|^2. \quad (4.3.6)$$

特别地,

$$\frac{d}{dt}\int_{\mathbf{T}^d} |u|^2 dx \leqslant 2R\int_{\mathbf{T}^d} |u|^2,$$

由此可得

$$\|u\|_{L^2}^2 \leqslant \|\varphi\|_{L^2}^2 e^{2Rt}$$

将此代入式(4.3.6)可得估计式(4.3.5).

引理 4.3.2   令 u 为 FCGL 方程的光滑解, 则

$$\left\|\frac{d}{dt}\right\|_{L^{\frac{2\varsigma}{2\varsigma-1}}(0,t;H^{-\beta})} \leqslant C, \quad \beta \geqslant \frac{(\sigma)d}{2\varsigma}. \quad (4.3.7)$$

证明: 将方程乘以检验函数 $\phi^*(x)$ 并在 $T^d \times [0, t]$ 上积分可得

$$\int_0^t \langle \frac{du}{dt}, \phi^* \rangle = \int_0^t \langle Ru, \phi^* \rangle - \int_0^t (1+iv)\langle (-\Delta)^\alpha u, \phi^* \rangle - \int_0^t (1+i\mu)\langle |u|^{2\sigma}u, \phi^* \rangle.$$

利用分部积分以及 Hölder 不等式可知

$$\left| \int_0^t \langle Ru, \phi^* \rangle \right| \le R \|u\|_{L^{2\varsigma}(\mathbf{T}^d \times [0,t])} \|\phi\|_{L^{2\varsigma}(\mathbf{T}^d \times [0,t])},$$

$$\left| \int_0^t (1+iv)\langle (-\Delta)^\alpha u, \phi^* \rangle \right| \le C \|u\|_{L^2(0,t;H^\alpha)} \|\phi\|_{L^2(0,t;H^\alpha)}$$

以及

$$\left| \int_0^t (1+i\mu)\langle |u|^{2\sigma}u, \phi^* \rangle \right| \le C \|u\|_{L^{2\varsigma}(\mathbf{T}^d \times [0,t])}^{2\varsigma-1} \|\phi\|_{L^{2\varsigma}(\mathbf{T}^d \times [0,t])}.$$

从而

$$\left| \int_0^t \langle \frac{du}{dt}, \phi^* \rangle \right| \le C \|\phi\|_{L^{2\varsigma}(0,t,H^\alpha)}, \quad \forall \phi \in L^{2\varsigma}(0,t,H^\alpha).$$

特别地，此表明 $\frac{du}{dt} \in L^{\frac{2\varsigma}{2\varsigma-1}}(0,t,H^{-\alpha})$，且不等式(4.3.7)成立.

进一步可得如下估计，记 $I_\phi(t) = \langle u(t), \phi^* \rangle$.

4.3.2 强解的整体存在性

这一节建立分数阶复 Ginzburg-Landau 方程强解的整体存在性.为此令 $S^\alpha(t) = e^{-t(1+iv)(-\Delta)^\alpha + Rt}$，从而算子族 $S^\alpha(t)$ 在 $L^p\left(p \in [1, \infty]\right)$ 上生成有界线性算子.首先考虑线性方程

$$u_t = Ru - (1+iv)(-\Delta)^\alpha u, \ u(0) = \varphi(x). \tag{4.3.8}$$

利用傅里叶变换

$$\frac{d}{dt}\hat{u}(t,\xi) = R\hat{u} - (1+iv)|\xi|^\alpha \hat{u}(t,\xi),$$

再利用傅里叶逆变换，线性方程(4.3.8)的解可以表示为

$$u(t) = S^\alpha(t)\varphi = F^{-1}\left(e^{-t(1+iv)|\xi|^{2\alpha}+Rt}\right) * \varphi = G_t^\alpha * \varphi.$$

为了研究算子族 $S^\alpha(t)$，仅需研究算子 G_t^α 的性态，为此仅需研究算子 $\tilde{G}_t^\alpha = G_t^\alpha e^{-Rt}$.算子 $\tilde{G}_t^\alpha$ 可以表示为

$$\widetilde{G}_t^\alpha(x) = \frac{1}{(2\pi)^d} \int_{R^d} e^{ix\cdot\xi} e^{-t(1+iv)|\xi|^{2\alpha}} d\xi = t^{-\frac{d}{2\alpha}} \widetilde{G}_1^\alpha\left(\frac{x}{t^{1/2\alpha}}\right),$$

这导致我们研究算子$\widehat{G}^\alpha := \widetilde{G}_1^\alpha$,

$$\widehat{G}^\alpha(x) = \frac{1}{(2\pi)^d} \int_{R^d} e^{ix\cdot\xi} e^{-(1+iv)|\xi|^{2\alpha}} d\xi.$$

由于$e^{-(1+iv)|\xi|^{2\alpha}} \in L^1(R^d)$, 利用 Riemann-Lebesgue 引理知$\widehat{G}^\alpha \in L^\infty(R^d) \cap C(R^d)$且当$|x| \to \infty$时, $\widehat{G}^\alpha(x) \to 0$.从而$\widehat{G}^\alpha \in C_0(R^d)$, 其中, $C_0(R^d)$表示R^d上在无穷远处衰减到零的所有连续函数全体.特别地, 注意到对任意的$\beta > 0, |\xi|^{2\beta} e^{-(1+iv)|\xi|^{2\alpha}} \in L^1(R^d)$, 从而

$$(-\Delta)^\beta \widehat{G}^\alpha \in C_0(R^d).$$

下面的讨论将用到如下引理 4.10.

引理 4.3.3   令$\alpha > 0$, 则

$$\left|\widehat{G}^\alpha(x)\right| \leqslant C(1+|X|)^{-d-2\alpha}, \forall x \in R^d,$$

从而

$$\widehat{G}^\alpha \in L^p(R^d), \quad \forall p \in [1, \infty].$$

引理 4.3.4   令$\alpha > 0$, 则

$$\left|(-\Delta)^s \widehat{G}^\alpha(x)\right| \leqslant C(1+|x|)^{-d-2\alpha}, \quad \forall s > 0, \forall x \in R^d,$$

从而

$$(-\Delta)^s \widehat{G}^\alpha \in L^p(R^d), \quad \forall p \in [1, \infty].$$

特别地, 对任意的$p \in [1, \infty]$有$\nabla \widehat{G}^\alpha \in L^p(R^d)$.

下面我们利用半群理论建立方程的局部存在性以及整体存在性.考虑在 Banach 空间X中的抽象发展方程

$$u_t = Au + f(u), \quad u(0) = \varphi = X$$

其中, A为某强连续算子半群$S(t)$在 Banach 空间X上的无穷小生成元, 而N可以视为在X上的非线性扰动.

4.3.3　吸引子的存在性

这里主要考虑分数阶 Ginzburg-Landau 方程在 L^2 中吸引子的存在性. 设 $d = 1$, $\frac{1}{2} < \alpha \leqslant 1$, 记 $\mathbf{T} = \mathbf{T}^1$. 我们将证明下述定理:

定理 4.3.2　设 $\alpha \in \left(\frac{1}{2}, 1 \right]$, $d = 1$. 则分数阶复 Ginzburg-Landau 方程的解算子

$S: S(t)\varphi = u(t)$, $t > 0$ 在空间 $H = L^2$ 上定义了一个半群, 且

（1）对任意的 $t > 0$, $S(t)$ 在 H 上连续.

（2）对任意的 $\varphi \in H$, $S: [0, T] \to H$ 是连续的.

（3）对任意的 $t > 0$, $S(t)$ 在 H 中是紧致的.

（4）半群 $\{S(t)\}_t \geqslant 0$ 在 H 具有整体吸引子 A. A 是 H 中的紧致连通集、极大有界吸收集, 且是 H 中的极小不变集.

我们先叙述如下定理.

定理 4.3.2　令 H 为度量空间, $\{S(t)\}_t \geqslant 0: H \to H$ 为其上的一族算子半群并满足

（1）对任意的 $t > 0$, $S(t): H \to H$ 是连续映射.

（2）存在 $t_0 > 0$, 使得 $S(t_0)$ 是 H 到自身的紧算子.

（3）存在有界集 $B_0 \subset H$, 开集 $U \subset H$ 使得 $B_0 \subset U \subset H$, 且对任意的有界子集 $B \subset U$, 存在 $t_0 = t_0(B)$ 使得当 $t > t_0(B)$ 时, $S(t)B \subset B_0$.

则 $A = \omega(B)$ 为紧致吸引子, 它吸收 U 的所有有界集, 即

$$\lim_{t \to +\infty} \mathrm{dist}[S(t)x, A] = 0, \quad \forall x \in U,$$

其中, A 是极大的有界吸收集, 以及最小的使得 $S(t)A = A$ 成立的不变集, $t \geqslant 0$; 如果还假设 H 为 Banach 空间, 则 U 是凸的.

（4）对任意的 $x \in H$, $S(t)x: R^+ \to H$ 是连续的, 则 $A = \omega(B)$ 是连通的.

如果 $U = H$, 则吸引子 A 称为 $\{S(t)\}_{t \geqslant 0}$ 在 H 中的整体吸引子.

由前文解的存在性结论可知, FCGL 的解 $u(t)$ 定义了 L^2 上的一个半群 $S(t)$,

事实上，我们还有下述定理 4.3.3.

定理 4.3.3　令$d = 1$，$a \in \left(\frac{1}{2}, 1\right]$则对任意的$\varphi \in L^2(T)$，FCGL 方程存在唯一的整体解$u$使得

$$u \in C([0, T]; L^2) \cap L^2(0, T; H^\alpha), \ \forall T < \infty,$$

且映射$S(t): \varphi \to u(t)$是$H = L^2$到自身的连续映射.

1.$H = L^2$中的吸收集

将方程(4.3.2)和u在**T**上作L^2内积，利用分部积分并取实部可知

$$\frac{1}{2}\frac{\mathrm{d}}{\mathrm{d}t}\|u\|^2 + \|\Lambda^\alpha u\|^2 + \|u\|_{L^{2\sigma+2}}^{2\sigma+2} - R\|u\|^2 = 0 \tag{4.3.9}$$

如果$R \leqslant 0$，$S(t)$导致平凡的动力系统.特别地，当$R < 0$时，

$$\frac{1}{2}\frac{\mathrm{d}}{\mathrm{d}t}\|u\|^2 - R\|u\|^2 \leqslant 0,$$

即

$$\|u(t)\|_{L^2} \leqslant \|\varphi\|_{L^2 e^{Rt}}.$$

因此

$$\|u(t)\|_{L^2}^2 \to 0, \quad t \to \infty, \quad \forall \varphi < L^2. \tag{4.3.10}$$

当$R = 0$时，由 hölder 不等式，

$$\|u\|_{L^2}^2 \leqslant |\mathbf{T}|^{\frac{\sigma}{\sigma+1}}\|u\|_{L^{2\sigma+2}}^2, \tag{4.3.11}$$

从而由式（4.3.9）可知

$$\frac{\mathrm{d}}{\mathrm{d}t}\|u\|_{L^2}^2 + \frac{2}{(2\pi)^\sigma}\|u\|_{L^2}^{2\sigma+2} \leqslant 0.$$

因此

$$\frac{1}{\|u(t)\|_{L^2}^2} \geqslant \frac{1}{\|\varphi\|^{2\sigma}} + \frac{2}{(2\pi)^\sigma}t,$$

即式（4.3.10）仍然成立.

当$R > 0$时，利用 Young 不等式可知

$$Ry^2 \leqslant \frac{1}{2}y^{2\sigma+2} + CR^{\frac{\sigma+1}{\sigma}},$$

从而

$$\frac{1}{2}\|u\|_{L^{2\sigma+2}}^{2\sigma+2} - R\|u\|^2 \geqslant -2\pi CR^{\frac{\sigma+1}{\sigma}},$$

其中，C 为仅依赖于 R 和 σ 的常数.由（4.3.9）可知

$$\frac{\mathrm{d}}{\mathrm{d}t}\|u\|^2 + 2\|\Lambda^\alpha u\|^2 + \|u\|_{L^{2\sigma+2}}^{2\sigma+2} + R\|u\|_{L^2}^2 \leqslant 4\pi CR^{\frac{\sigma+1}{\sigma}}. \qquad （4.3.12）$$

利用 Gronwall 不等式可知

$$\|u(t)\|_{L^2}^2 \leqslant \mathrm{e}^{-Rt}\left[\|\varphi\|_{L^2}^2 + 4\pi CR^{\frac{\sigma+1}{\sigma}}t\right]$$
$$\leqslant \|\varphi\|_{L^2}^2 \mathrm{e}^{-Rt} + 4\pi CR^{\frac{1}{\sigma}}(1 - \mathrm{e}^{-Rt}), \forall t \geqslant 0. \qquad （4.3.13）$$

因此

$$\limsup_{t\to\infty} \|u(t)\|_{L^2}^2 \leqslant \rho_0^2, \ \rho_0^2 = 4\pi CR^{\frac{1}{\sigma}}.$$

由不等式(4.3.13) 可知 L^2 中的吸收集的存在性.事实上，如果 $\rho > \rho_0$，则集合 $B_H(0, \rho)$ 是 $S(t)$ 的正不变集合，且是 L^2 的吸收集.任意固定 $\rho_0' > \rho_0$，并记 $B_0 = B_H(0, \rho)$.由于对任意有界集 B，都存在 $\rho > 0$ 使得 $B \subset B_H(\rho)$，从而易知存在 $t_0 = t_0(B, \rho_0')$ 使得当 $t > t_0$ 时，$S(t)\rho_0' \subset B_0$.且时刻 t_0 可以估计为 $t_0 = \frac{1}{R}\ln\frac{\rho^2}{\rho_0'^2 - \rho_0^2}$.

由不等式(4.3.13)，可以得到解在 L^2 中的一致估计：

$$\|u(t)\|_{L^2}^2 \leqslant \|\varphi\|_{L^2}^2 + 4\pi CR^{\frac{1}{\sigma}}.$$

对式（4.3.12）关于时间在 $[t, t+1]$ 上积分可得

$$\|u(t+1)\|_{L^2}^2 + 2\int_t^{t+1}\|\Lambda^\alpha u\|_{L^2}^2 \mathrm{d}s \leqslant \|u(t)\|_{L^2}^2 + 4\pi CR^{\frac{1}{\sigma}}. \qquad （4.3.14）$$

由不等式(4.3.13)以及不等式(4.3.14)可得

$$2\int_t^{t+1}\|\Lambda^\alpha u\|_{L^2}^2 \mathrm{d}s \leqslant \|\varphi\|_{L^2}^2 \mathrm{e}^{-Rt} + 4\pi CR^{\frac{1}{\sigma}}(1 - \mathrm{e}^{-Rt}) + 4\pi CR^{\frac{1}{\sigma}}.$$

因此，存在不依赖 φ 的常数 a_1 使得当 $t \geqslant t_0$ 时，

$$2\int_t^{t+1}\|\Lambda^\alpha u\|_{L^2}^2 \mathrm{d}s \leqslant a_1.$$

2. H^α 中的吸收集

先引入如下的一致 Gronwall 不等式：

引理 4.3.5　令 g, h 和 y 为 (t_0, ∞) 上非负的局部可积的函数，如果

$$\int_t^{t+r} g(s)\mathrm{d}s \leqslant a_1, \quad \int_t^{t+r} h(s)\mathrm{d}s \leqslant a_1, \quad \int_t^{t+r} y(s)\mathrm{d}s \leqslant a_1, \quad \forall t \geqslant t_0$$

其中，r、a_1、a_2、a_3 为正常数，且

$$\frac{\mathrm{d}y}{\mathrm{d}t} \leqslant gy + h.$$

则

$$y(t+r) \leqslant \left(\frac{a_3}{r} + a_2\right)\mathrm{e}^{a_1}, \quad \forall t \geqslant t_0$$

下面考虑 H_a 中的吸收集.将方程(4.3.1)乘以 $(-\triangle)^\alpha u^*$，在 T 上积分并利用 Hölder 不等式可知

$$\frac{\mathrm{d}}{\mathrm{d}t}\|\Lambda^\alpha u\|_{L^2}^2 + 2\|\Lambda^{2\alpha} u\|_{L^2}^2 - 2R\|\Lambda^\alpha u\|_{L^2}^2 = -\,\mathrm{Re}\left[(1 + \mathrm{i}\mu)\int_{\mathbf{T}^d} |u|^{2\sigma} u\,\Lambda^{2\alpha} u^* \mathrm{d}x\right]$$

$$\leqslant \sqrt{1+\mu^2}\int_{\mathbf{T}^d} |u|^{2\sigma+1}\left|\Lambda^{2\alpha}u\right|\mathrm{d}x \leqslant \frac{1}{2}\left\|\Lambda^{2\alpha}u\right\|_{L^2}^2 + \frac{\sqrt{1+\mu^2}}{2}\|u\|_{L^{2(2\sigma+1)}}^{2(2\sigma+1)}.$$

$$（4.3.15）$$

利用插值不等式可知

$$\|u\|_{L^{2(2\sigma+1)}} \leqslant C_1\|u\|_{L^2}^{1-\rho}\left(\|u\|_{L^2}^2 + \left\|\Lambda^{2\alpha}u\right\|_{L^2}^2\right)^{\rho/2}, \quad \rho = \frac{2\sigma}{4\alpha(2\sigma+1)},$$

由式（4.3.15）可知

$$\frac{\mathrm{d}}{\mathrm{d}t}\|\Lambda^\alpha u\|_{L^2}^2 + \frac{2}{3}\left\|\Lambda^{2\alpha}u\right\|_{L^2}^2 - 2R\|\Lambda^\alpha u\|_{L^2}^2 \leqslant \frac{\sqrt{1+\mu^2}}{2}\|u\|_{L^{2(2\sigma+1)}}^{2(2\sigma+1)}$$

$$\leqslant 2^{\rho(2\sigma+1)}C_1'C_\mu\left[\|u\|^{2(2\sigma+1)} + \left\|\Lambda^{2\alpha}u\right\|^{2\rho(2\sigma+1)}\right]$$

$$\leqslant 2^{\rho(2\sigma+1)}C_1'C_\mu\|u\|^{2(2\sigma+1)} + \frac{1}{2}\left\|\Lambda^{2\alpha}u\right\|_{L^2}^2 + C_2,$$

其中，$C_1' = C_1^{\rho(2\sigma+1)}$，$C_\mu = \dfrac{\sqrt{1+\mu^2}}{2}$，$C_2 = \dfrac{\{[2\rho(2\sigma+1)]^{\rho(2\sigma+1)}2^{\rho(2\sigma+1)}C_1'C_\mu\}q}{q}$，且 $q =$

$\dfrac{1}{1-\rho(2\sigma+1)}$.

由此可知

$$\frac{\mathrm{d}}{\mathrm{d}t}\|\Lambda^\alpha u\|_{L^2}^2 + \left\|\Lambda^{2\alpha}u\right\|_{L^2}^2 \leqslant 2R\|\Lambda^\alpha u\|_{L^2}^2 + 2^{\rho(2\sigma+1)}C_1'C_\mu\|u\|^{2(2\sigma+1)} + C_2.$$

令

$$y = \|\Lambda^\alpha u\|_{L^2}^2,$$

$$g = 2R,$$

$$h = 2^{\rho(2\sigma+1)}C_1'C_\mu\|u\|^{2(2\sigma+1)} + C_2,$$

利用一致 Gronwall 不等式可得$\|\Lambda^\alpha u\|_{L^2}$ 的一致估计:

$$\|\Lambda^\alpha u\|^2 \leqslant (a_3 + a_2)e^{a_1}, \quad t \geqslant t_0 + 1, \tag{4.3.16}$$

其中, a_1、a_2、a_3为常数.

由此可知H^α中吸收集的存在性.即: 令B为H^α中的有界集, 显然也是L^2中的有界集,且当$t \geqslant t_0(B, \rho_0')$时有 $S(t)B \subset B_0$.利用式(4.3.16) 可知当 $t \geqslant t_0+1$ 时, $S(t)B \subset B_1$, 其中, $B_1 = B_1(H^\alpha, \rho_1)$是$H^\alpha$中半径为$\rho_1^2 = \rho_1'^2 + (a_3 + a_2)e^{a_1}$的球.显然$B_1$是$S(t)$在$H^\alpha$中的吸收集.

令$\varphi \in B$为H中的有界集.由于B_1是H^α中的有界集, 且嵌入$H^\alpha \hookrightarrow L^2$是紧致的, 从而$U_{t \geqslant t_0+1}S(t)B$在$L^2$中相对紧.由此可知定理 4.3.2 中的条件(3)成立.

定理 4.3.1 是定理 4.3.2 的直接推论.为此仅需验证条件(1)和(4), 而这是标准的且是显然的.

注 由上述分析可知, 当 $R \leqslant 0$ 时, 当$t \to \infty$时, 方程所有的解将收敛到零, 即

$$\text{dist}(S(t)B, \{0\}) \to 0, \quad t \to \infty,$$

其中, B是L^2中的任意有界集.此时整体吸引子退化为$A = \{0\} \in L^2$.

4.4 分数阶 Landau-Lifshitz 方程

这一节考虑分数阶 Landau-Lifshitz 方程.经典的 Landau-Lifshitz 方程具有如下的形式:

$$\frac{\partial u}{\partial t} = -\alpha u \times \left(u \times \frac{\delta E}{\delta u} \right) + \beta u \times \frac{\delta E}{\delta u},$$

其中, $u: \Omega \to R^3$为取值于R^3的三维向量, $a \geqslant 0$, $\beta > 0$ 为常数, 而$\frac{\delta E}{\delta u}$表示泛函$E$关于$u$的变分:

$$E(u) \int_{\Omega} |\nabla u|^2 \mathrm{d}x + \int_{\Omega} \phi(u)\mathrm{d}x + \int_{\Omega} |\nabla \Phi|^2 \mathrm{d}x,$$

其中，右端的三项分别为交换能、各向异性能以及静磁能.当忽略静磁能时，方程的研究相对较为简单，而当考虑静磁能时，方程为非局部方程，其研究要复杂得多.因此，考虑方程在具有静磁能时的简化模型就显得十分重要.

考虑如下简化情形：

（1） Ω 为三维空间的柱状区域，其厚度为 k，其截面为 Ω'：

$$\Omega = \Omega' \times (0, x).$$

（2） u 不依赖于厚度方向的坐标 x_3.

（3） $k \ll 1$，其中 l 为截面 Ω' 的直径.利用傅里叶变换，A.DeSimone 等推导了如下的收敛的静磁能：

$$\int_{R^3} |\nabla \Phi|^2 \mathrm{d}x = \frac{1}{2} \left\| \nabla' \cdot u' \right\|_{H^{-\frac{1}{2}}(R^2)}^2 = \int_{R^2} \left| \Lambda^{\frac{1}{2}} (\nabla' \cdot u') \right|^2 \mathrm{d}x,$$

其中，$u' = \left(u_1, u_2 \right), \Lambda = (-\Delta')^{\frac{1}{2}}$.

下面考虑 $\frac{\delta E}{\delta u} = (-\Delta)^\alpha u$，其中 $\alpha = \frac{1}{2}$.考虑

$$\begin{cases} u_t = u \times (-\Delta)^\alpha u, & (x,t) \in \Omega \times (0,T), \\ u\left(x + \sum\limits_{i=1}^{d} k_i e_i, t \right) = u(x,t) & R^d (x,t) = R^d \times (0,T), \\ u(x,0) = u_0 & x \in R^N, \end{cases}$$

（4.4.1）

其中，$\alpha \in (0,1)$，$\Omega = (0,1) \times \cdots \times (0,1) \subset R^d$ 为 R^d 的子集，$k_i \in Z^d$ 且 e_i 为 R^d 的一组单位正交向量，初值 $u_0 \in H^\alpha_{per}(\Omega)$.

4.4.1 黏性消去法

这一节主要通过黏性消去法的思想证明如下定理:

定理 4.4.1　令 $0<\alpha<1$, $u_0 \in H^\alpha_{per}(\Omega)$ 且对几乎处处的 $x \in R^d$ 有 $|u_0(x)| = 1$. 则对任意的 $T>0$ 方程(4.4.1) 存在整体弱解 $u \in L^\infty[0,T; H^\alpha(\Omega)]$ 使得对几乎处处的 $(x,t) \in R^d \times [0,T]$ 都有 $|u(x,t)| = 1$,且满足如下的弱形式:

$$\int_{\Omega\times(0,T)} u\Phi_t \, dxdt + \int_\Omega u_0\Phi(\cdot,0)dx = \int_{\Omega\times(0,T)} (-\Delta)^{\frac{\alpha}{2}}u \times \Phi \cdot (-\Delta)^{\frac{\alpha}{2}}udxdt,$$

对任意的 $\Phi \in C^\infty(R^d \times [0,T])$,$\Phi(x,T)=0$ 成立.

该定理的证明要用到离散的 Young 不等式.为了读者方便,简单介绍如下:

首先考虑利用离散情形的傅里叶变换可知,如果 $f \in L^2(\Omega)$,则 f 可以具有级数表示 $f = \sum_{n\in Z^d} \hat{f}(n)e^{2\pi i n\cdot x}$,其中 $\hat{f}(n) = \int_\Omega f(x)e^{2\pi i n\cdot x}$,这里

$$n = \left(n_1, \ n_2, \ n_3, \ \ldots, \ n_d\right) \in Z^d$$

为 d 维向量.对任意多重指标 $m = \left(m_1, \ m_2, \ m_3, \ \ldots, \ m_d\right) \in Z^d$ ($m_i \geqslant 0$),形式上有

$$(-\Delta)^\alpha f = (2\pi)^\alpha \sum_{n\in Z^d} |n|^{2\alpha}\hat{f}(n)e^{2\pi i n\cdot x},$$

且还可以定义如下的非齐次 Sobolev 空间:

$$H^\alpha_{per}(\Omega) = \left\{ f \middle| f \in L^2(\Omega)且 \sum_{n\in Z^d} |n|^{4\alpha}\left|\hat{f}(n)\right|^2 < \infty \right\},$$

其上的范数可以自然地定义为

$$\|f\|_{H^\alpha_{per}(\Omega)} = \|f\|_2 + \|(-\Delta)^\alpha f\|_2.$$

如果 $f, g \in H^\alpha_{per}(\Omega)$,则结合此处的定义,利用 Parseval 恒等式可知如下的分部积分公式成立:

$$\int_{\Omega} (-\Delta)^{\alpha} f \cdot g \, dx = \int_{\Omega} (-\Delta)^{\alpha_1} f \cdot (-\Delta)^{\alpha_2} dx.$$

其中，α_1，α_2非负，且使得$\alpha_1 + \alpha_2 = \alpha$.

离散情形的 Young 不等式退化为如下形式：

引理 4.4.1 如果 $\{f_n\} \in l^p, \{g_n\} \in l^1$，则由它们所构成的"卷积" $\left\{ \sum_{n1+n2=n} f_{n1} g_{n2} \right\} \in l^p$，且成立估计

$$\left\| \sum_{n1+n2=n} f_{n1} g_{n2} \right\|_{l^p} \leqslant \|f_n\|_p \|g_n\|_1.$$

这里，为了不引入更多的符号，我们既将$\{f_n\}$视为l^p中的元素，又将其视为该元素的分量形式.

该定理的证明采用 Ginzburg-Landau 逼近的思想. 考虑如下的逼近方程

$$\begin{cases} u_t = \dfrac{u}{\max\{1, |u|\}} \times (-\Delta)^{\alpha} u - \beta \dfrac{u}{\max\{1, |u|\}} \times \Delta u + \varepsilon \Delta u, & (x, t) \in \Omega \times (0, T), \\ u\left(x + \sum_{i=1} k_i e_i, t \right) = u(x, t), & (x, t) \in \Omega \times (0, T), \\ u(x, 0) = u_0, & x \in \Omega, \end{cases}$$

$$(4.4.2)$$

其中，β, ε为黏性系数，且暂时假定$u_0 \in H_{per}^{\alpha}(\Omega)$. 这里引入 $\max\{1, |u|\}$的目的是得到更好的估计.

将逼近方程(4.4.2) 和u作内积并且在Ω上积分可得

$$\frac{1}{2} \frac{d}{dt} \int_{\Omega} |u|^2 \, dx + \int_{\Omega} |\nabla u|^2 dx = 0.$$

将此式关于时间在$[0, t]$ 上积分可得

$$\|u(\cdot, t)\|_2 \leqslant C, \quad \forall_0 \leqslant t \leqslant T.$$

将逼近方程(4.4.2) 和$\beta \Delta u$作内积，可以得到

$$\beta \Delta u \cdot u_t = \beta \frac{u}{\max\{1, |u|\}} \times (-\Delta)^\alpha u \cdot \Delta u + \varepsilon \beta |\Delta u|^2,$$

将此两式相减，并关于空间变量 x 在 Ω 上积分可以得到

$$-\frac{\beta}{2}\frac{\mathrm{d}}{\mathrm{d}t}\int_\Omega |\nabla u|^2 \,\mathrm{d}x - \frac{1}{2}\frac{\mathrm{d}}{\mathrm{d}t}\int_\Omega \left|(-\nabla)^{\alpha/2}u\right|^2 \,\mathrm{d}x$$

$$= \beta \varepsilon \int_\Omega |\Delta u|^2 \mathrm{d}x - \varepsilon \int_\Omega \Delta u \cdot (-\nabla)^\alpha u \,\mathrm{d}x.$$

从而可以导致如下的估计

$$\beta \varepsilon \int_0^t \|\Delta u\|_2^2 \mathrm{d}t + \varepsilon \int_0^t \left\|(-\Delta)^{\frac{1+\alpha}{2}}u\right\|_2^2 + \frac{\beta}{2}\|\nabla u\|_2^2 + \frac{1}{2}\left\|(-\Delta)^{\frac{\alpha}{2}}u\right\|_2^2$$

$$= \frac{\beta}{2}\left\|\nabla u_0\right\|_2^2 + \frac{1}{2}\left\|(-\Delta)^{\frac{\alpha}{2}}u_0\right\|_2^2.$$

$$（4.4.3）$$

下面寻找式 (3.4.2) 的具有如下形式的逼近解：

$$u_N(x,t) = \sum_{|n| \leqslant N} \varphi_n(t)\mathrm{e}^{2\pi i n \cdot x},$$

其中 φ_n 为取值于 R^3 中的向量，并使得对所有的 $|n| \leqslant N$，成立

$$\langle \frac{\partial u_N}{\partial t} - \frac{u_N}{\max\{1, |u_N|\}} \times (-\Delta)^\alpha u_N + \beta \frac{u_N}{\max\{1, |u_N| \times \Delta u_N\}} - \varepsilon \Delta u_N, \mathrm{e}^{2\pi i n \cdot x} \rangle = 0,$$

$$（4.4.4）$$

其中，$<\cdot, \cdot>$ 表示空间 $L^2(\Omega)$ 上的内积，并且其初值可以由如下序列逼近：

$$u_N(x,t) = \sum_{i=1}^N \varphi_i(0)e_i(x) \to u_0 \quad \text{在} H^1_{per}(\Omega) \text{中收敛.}$$

由此得到的是关于 $\varphi_n(t)(1 \leqslant |n| \leqslant N)$ 的一组常微分方程，其解的存在性可以由经典的常微分方程理论得到，为了取极限，需要作关于 N 的一致的先验

估计.在接下来的叙述中，常数C总是代表独立于β,ε以及N的常数.在等式 (4.4.4) 中乘以φ_n，并关于n求和可以得到估计：

$$\frac{1}{2}\frac{\mathrm{d}}{\mathrm{d}t}\int_\Omega |u_N|^2\,\mathrm{d}x + \varepsilon\int_\Omega \left|\nabla u_N\right|^2\,\mathrm{d}x = 0.$$

积分此式可以得到

$$\|u_N(t)\|_2 \leqslant C, \quad \forall t \in [0,T].$$

以及类似于式(4.4.3) 可以得到

$$\beta\left\|\nabla u_N(t)\right\|_2^2 + \left\|(-\Delta)^{\frac{\alpha}{2}}u_N(t)\right\|_2^2 \leqslant C, \quad \forall t\in[0,T],$$

以及

$$\beta\varepsilon\int_0^T \|\Delta u_N\|_2^2\mathrm{d}t \leqslant C.$$

同时还可以由式(4.4.4)得到关于$\|u_{Nt}\|_2$的估计.从而固定ε,β，并记$Q_T=\Omega\times(0,T)$，则由上述的有界性估计，可以从$\{u_N\}$中选取子列(仍记为$\{u_N\}$)使得

$$\Delta u_N \to \Delta u^{\beta,\varepsilon} \quad \text{在}L^2(Q_T)\text{中弱收敛；}$$

$$u_N \to u^{\beta,\varepsilon} \quad \text{在}L^\infty\left(0,T;\ H^1_{per}(\Omega)\right)\text{中弱}*\text{收敛；}$$

$$u_N \to u^{\beta,\varepsilon} \quad \text{在}L^2(Q_T)\text{中弱强收敛且 a.e.收敛；}$$

$$u_{Nt} \to u_t^{\beta,\varepsilon} \quad \text{在}L^2(Q_T)\text{中弱收敛.}$$

对其取极限，令$N\to\infty$可知对任意的Ψ以及光滑函数$\varphi\in C^\infty[0,T]$，成立

$$\int_{Q_T} u_t^{\beta,\varepsilon}\cdot\Psi\varphi\mathrm{d}x\mathrm{d}t$$

$$= \int_{Q_T}\left[\frac{u^{\beta,\varepsilon}}{\max\{1,|u^{\beta,\varepsilon}|\}}\times(-\Delta)^\alpha u^{\beta,\varepsilon}\cdot\Psi\varphi - \beta\frac{u^{\beta,\varepsilon}}{\max\{1,|u^{\beta,\varepsilon}|\}}\right.$$

$$\left.\times\Delta u^{\beta,\varepsilon}\cdot\psi\varphi + \varepsilon\Delta u^{\beta,\varepsilon}\cdot\Psi\varphi\right]\mathrm{d}x\mathrm{d}t.$$

利用$\Psi\varphi$形式的函数在$L^2(Q_T)$中的稠密性，可知对任意的$\phi\in L^2(Q_T)$有

$$\int_{Q_T} u_t^{\beta,\varepsilon} \cdot \phi \mathrm{d}x\mathrm{d}t = \int_{Q_T} \left[\frac{u^{\beta,\varepsilon}}{\max\{1,|u^{\beta,\varepsilon}|\}} \times (-\Delta)^\alpha u^{\beta,\varepsilon} \cdot \phi - \beta \frac{u^{\beta,\varepsilon}}{\max\{1,|u^{\beta,\varepsilon}|\}} \times \Delta u^{\beta,\varepsilon} \right.$$
$$\left. \cdot \phi + \varepsilon \Delta u^{\beta,\varepsilon} \cdot \phi \right] \mathrm{d}x\mathrm{d}t.$$

（4.4.5）

4.4.2　Ginzburg-Landau 逼近与渐近极限

这一小节考虑分数阶 Landau-Lifshitz 方程的 Ginzburg-Landau 逼近，以及当其系数变化时的极限情况.具体地，考虑方程

$$\begin{cases} \partial_t m = vm \times \Lambda^{2\alpha} m + \mu m \times (m \times \Lambda^{2\alpha} m), \\ m(0) = m_0 \text{且}|m_0(x)| = 1, \ \text{a. e.} \in \Omega, \end{cases}$$

（4.4.6）

其中，$m = (m_1, m_2, m_3)$ 表示磁化向量，$\Lambda = (-\Delta)^{\frac{1}{2}}$ 表示分数阶拉普拉斯算子.为了方便，这里仅考虑 $\Omega = [-\pi, \pi]$ 一维情形的周期问题，$v \in R$ 以及 $\mu > 0$ 为参数，μ 也称为 Gilbert 参数.下面，我们仅讨论 $\alpha \in (\frac{1}{2}, 1)$ 的情形.令 $Q_T = \Omega \times (0, T)$.

这里的讨论是受到整数阶情形问题的启发.当 $\alpha = 1$ 时，该方程退化为 Landau-Lifshitz 方程：

$$\partial_t m = -vm \times \Delta m - \mu m \times (m \times \Delta m).$$

该方程最初由 Landau 和 Lifshitz 提出，其目的是研究铁磁体材料磁导率的色散理论，随后得到了广泛的研究.当 $v = 0, \alpha = 1$ 时，方程(4.4.6) 退化为调和映照热流问题：

$$m_t = \mu \Delta m + \mu |\nabla m|^2 m.$$

因此，当 $v = 0$ 时，也称方程(4.4.6)为调和映照热流的分数阶推广(或分数阶调和映照热流).当 $\mu = 0$ 时，方程(4.4.6) 对应于分数阶 Heisenberg 方程.

容易说明，如果初值 $|m_0(x)| = 1$，则 $|m(t, x)| = 1$ 对任意的 $t \geq 0$ 成立.方程(4.4.6)等价于如下 Gilbert 方程：

$$m_t = \frac{v^2+\mu^2}{v} m \times \Lambda^{2\alpha} m + \frac{\mu}{v} m \times m_t. \tag{4.4.7}$$

方程的弱解定义如下：

定义 4.4.1   令 $m_0 \in H^\alpha, |m_0| = 1$ a.e., 称向量 $m = (m_1, m_2, m_3)$ 为方程（4.4.7）的弱解，如果

（1）对任意的 $T > 0$, $m \in L^\infty[0, T; H^\alpha(\Omega)]$ 且 $m_t \in L^2(Q_T)$, $|m| = 1$ a.e..

（2）对任意的三维向量 $\varphi \in L^2[0, T; H^\alpha(\Omega)]$, 成立

$$\frac{\mu}{v} \int_{Q_T} \left(m \times \frac{\partial m}{\partial t} \right) \cdot \varphi \mathrm{d}x\mathrm{d}t - \int_{Q_T} \frac{\partial m}{\partial t} \cdot \varphi \mathrm{d}x\mathrm{d}t = \frac{v^2+\mu^2}{v} \int_{Q_T} \Lambda^\alpha m \cdot \Lambda^\alpha (m \times \varphi) \mathrm{d}x\mathrm{d}t.$$

$$\tag{4.4.8}$$

（3）$m(0, x) = m_0(x)$ 在迹意义下成立.

（4）对任意的 $T > 0$, 成立

$$\int_\Omega |\Lambda^\alpha m(T)|^2 \mathrm{d}x + \frac{2\mu}{1+\mu^2} \int_{Q_T} \left| \frac{\partial m}{\partial t} \right|^2 \mathrm{d}x\mathrm{d}t \leqslant \int_\Omega |\Lambda^\alpha m_0|^2 \mathrm{d}x.$$

$$\tag{4.4.9}$$

第5章 广义Hukuhara微分和模糊分数阶微积分

本章我们较系统的讨论了模糊值函数的广义 Hukuhara 微分、模糊值函数的 R-S 积分和广义 g-Hukuhara 微分、模糊分数阶微分方程.

5.1 模糊值函数的广义 Hukuhara 微分

本节我们首先研究了模糊数的 gH 差, 并给出了广义 Hukuhara 导数的定义, 讨论了模糊微分方程解的结构、包括解的存在性、一阶常系数模糊微分方程的解、一阶线性模糊微分方程的解等.

定义 5.1.1 记 $\widetilde{R}_F = \left\{ \tilde{u} : R \rightarrow [0,1] 满足（1）~（4） \right\}$

（1） $\tilde{u}$ 是正规的模糊集, 即存在 $t_0 \in R$ 使得 $\tilde{u}(t_0) = 1$；

（2） $\tilde{u}$ 是凸模糊集；

（3） $\tilde{u}$ 是上半连续函数；

（4） $[\tilde{u}]_0 = u_0 = \{t \in R : u(t) \geq 0\}$ 是紧集.

我们称 $\tilde{u} \in \widetilde{R}_F$ 为模糊数, 而 $\widetilde{R}_F$ 称为定义在 R 上的模糊数空间.

定理 5.1.1 若 $\tilde{u} \in \widetilde{R}_F$, 则

(i) 对 $\lambda \in [0,1]$, $u_\lambda = \{t \in R : u(t) \geq \lambda\}$ 均为非空有界闭区间；

(ii) 若 $0 \leq \lambda_1 \leq \lambda_2 \leq 1$, 则 $u_{\lambda_2} \subset u_{\lambda_1}$；

(iii) 若正数 $\lambda_n(n=1,2,\cdots)$ 非降收敛于 $r \in [0,1]$，则 $\bigcap_{n=1}^{+\infty} u_{\lambda_n} = u_\lambda$.

反之，若非空有界闭区间族 $\{v_\lambda : \lambda \in [0,1]\}$ 满足 (i)~(iii)，则有唯一的模糊数 $\tilde{u} \in \tilde{R}_F$ 使得

$$u_\lambda = v_\lambda \, (\lambda \in [0,\ 1])，并且 \, u_0 = \bigcup_{\lambda \in [0,1]} u_\lambda \subset v_0.$$

定理 5.1.2 设 X 是线性空间，$\tilde{u}$ 是 X 中的模糊子集，则下述条件等价：

(i) $\tilde{u}$ 是凸模糊集；

(ii) $u(\lambda_x + (1-\lambda)_y) \geqslant \min\{u(x), u(y)\}$，$x$，$y \in X$，$\lambda \in [0,1]$；

(iii) u_λ 均为凸集，$\lambda \in [0,1]$.

定义 5.1.2 若 $\tilde{u}, \tilde{v} \in \tilde{R}_F$，$k \in R$，则

(i) $(\tilde{u} + \tilde{v})(x) = \sup\limits_{x=s+t} \min\{u(s), u(t)\}$；

(ii) $k \cdot \tilde{u}(x) = u(x/k), k \neq 0$；

(iii) $0 \cdot u(x) = \tilde{0}$，其中 $\tilde{a}(x) = \begin{cases} 1, & x = a \\ 0, & x \neq a \end{cases}$.

定理 5.1.3 若 $\tilde{u}, \tilde{v} \in \tilde{R}_F$，$0 \leqslant \lambda \leqslant 1$，$k \in R$，则

(i) $[\tilde{u} + \tilde{v}]_\lambda = u_\lambda + v_\lambda = [u_\lambda^- + v_\lambda^-, u_\lambda^+ + v_\lambda^+]$；

(ii) $[k\tilde{u}]_\lambda = k \cdot u_\lambda = [ku_\lambda^-, ku_\lambda^+](k \geqslant 0)$ 或 $[ku_\lambda^+, ku_\lambda^-](k < 0)$；

(iii) $\tilde{u} \leqslant \tilde{v} \Leftrightarrow u_\lambda \leqslant v_\lambda \Leftrightarrow u_\lambda^- \leqslant v_\lambda^-, u_\lambda^+ \leqslant v_\lambda^+, (\lambda \in [0,1])$.

推论 5.1.1 若 $\tilde{u}, \tilde{v} \in \tilde{R}_F$，$k \in R$，则

(i) $k(\tilde{u} + \tilde{v}) = k\tilde{u} + k\tilde{v}$；

(ii) $k_1(k_2 \cdot \tilde{u}) = k_1 k_2 \cdot \tilde{u}$；

(iii) $k_1 \cdot k_2 \geqslant 0, (k_1 + k_2) \cdot \tilde{u} = k_1 \cdot \tilde{u} + k_2 \cdot \tilde{u}$.

定理 5.1.4 定义 $H : \tilde{R}_F \times \tilde{R}_F \to [0, +\infty]$，设 $\tilde{u}, \tilde{v}, \tilde{w} \in \tilde{R}_F$，

$$H(\tilde{u}, \tilde{v}) = \sup_{\lambda \in [0,1]} d(u_\lambda, v_\lambda)$$

$$= \sup_{\lambda \in [0,1]} \max\left\{\left|u_\lambda^- - v_\lambda^-\right|, \left|u_\lambda^+ - v_\lambda^+\right|\right\},$$

其中 $d(\cdot, \cdot)$ 是 Hausdorff 度量，则

(i)　$(\widetilde{R}_F, H)$ 是完备度量空间；

(ii)　$H(k\tilde{u}, k\tilde{v}) = |k| H(\tilde{u}, \tilde{v}), \quad \forall k \in R$；

(iii)　$H(\tilde{u} + \tilde{w}, \tilde{v} + \tilde{w}) = H(\tilde{u}, \tilde{v})$；

(iv)　$H(\tilde{u} + \tilde{v}, \tilde{w} + \tilde{e}) \leqslant H(\tilde{u}, \tilde{w}) + H(\tilde{v} + \tilde{e})$；

(v)　$H(\tilde{u} + \tilde{v}, \tilde{0}) \leqslant H(\tilde{u}, \tilde{0}) + H(\tilde{v}, \tilde{0})$；

(vi)　$H(\tilde{u} + \tilde{v}, \tilde{w}) \leqslant H(\tilde{u}, \tilde{w}) + H(\tilde{v}, \tilde{w})$.

设 $\tilde{u}_n \in \widetilde{R}_F$，$\tilde{u} \in \widetilde{R}_F$.在模糊距离 H 下，$\lim\limits_{n \to 0} \tilde{u}_n = \tilde{u}$，即 $\forall \varepsilon > 0$，$\exists N$ 当

$n > N$ 时有 $H(\tilde{u}_n, \tilde{u}) < \varepsilon$，也即

$$H(\tilde{u}_n, \tilde{u}) = \sup_{\lambda \in [0,1]} \max\left\{\left|u_{\lambda_n}^- - u_\lambda^-\right|, \left|u_{\lambda_n}^+ - u_\lambda^+\right|\right\} < \varepsilon$$

从而有 $\left|u_{\lambda_n}^- - u_\lambda^-\right| < \varepsilon$，$\left|u_{\lambda_n}^- - u_\lambda^+\right| < \varepsilon$；也即 $\lim\limits_{n \to +\infty} u_{\lambda_n}^- = u_\lambda^-$，$\lim\limits_{n \to +\infty} u_{\lambda_n}^+ = u_\lambda^+$；

反之亦成立.

定理 5.1.5　设 $\tilde{u}_n, \tilde{v}_n, \tilde{u}, \tilde{v} \in \widetilde{R}_F$，

（1）　若 $\lim \tilde{u}_n = \tilde{u}$，则 $\lim\limits_{n \to +\infty} H(\tilde{u}_n, \tilde{v}) = H(\tilde{u}, \tilde{v})$；

（2）　若 $\lim\limits_{n \to +\infty} \tilde{u}_n = u$，$\lim\limits_{n \to +\infty} \tilde{u}_n = v$，则 $\lim\limits_{n \to +\infty} H(\tilde{u}_n, \tilde{v}_n) = H(u, v)$

证明　对于（1）式，由距离的三角不等式 $H(\tilde{u}_n, \tilde{v}) - H(\tilde{u}, \tilde{v}) \leqslant H(\tilde{u}_n, \tilde{u})$，

可得

$$H\left(\widetilde{u}_n, \widetilde{v}\right) - H\left(\widetilde{u}, \widetilde{v}\right) \leqslant H\left(\widetilde{u}_n, \widetilde{u}\right) < \varepsilon$$

此外由

$$H\left(\widetilde{u}_n, \widetilde{v}\right) \leqslant H\left(\widetilde{u}_n, \widetilde{v}\right) + H\left(\widetilde{u}_n, \widetilde{u}\right),$$

得

$$H\left(\widetilde{u}_n, \widetilde{v}\right) - H\left(\widetilde{u}_n, \widetilde{v}\right) \leqslant H\left(\widetilde{u}_n, \widetilde{u}\right) < \varepsilon,$$

综上所述 $H\left(\widetilde{u}_n, \widetilde{v}\right) - H\left(\widetilde{u}, \widetilde{v}\right) \leqslant H\left(\widetilde{u}_n, \widetilde{u}\right) < \varepsilon$，（1）式成立. 对于（2）式由

$$\lim_{n \to +\infty} \widetilde{u}_n = \widetilde{u}, \lim_{n \to +\infty} \widetilde{v}_n = \widetilde{v},$$

得

$$H(\widetilde{u}_n, \widetilde{u}) < \frac{\varepsilon}{2}, H(\widetilde{v}_n, \widetilde{v}) < \frac{\varepsilon}{2},$$

故

$$H\left(\widetilde{u}_n, \widetilde{v}\right) - H\left(\widetilde{u}, \widetilde{v}\right) \leqslant H\left(\widetilde{u}_n, \widetilde{u}\right) + H\left(\widetilde{v}_n, v\right) < \varepsilon,$$

$$H\left(\widetilde{u}_n, \widetilde{v}\right) - H\left(\widetilde{u}_n, \widetilde{v}_n\right) \leqslant H\left(\widetilde{u}_n, \widetilde{u}\right) + H\left(\widetilde{v}_n, \widetilde{v}\right) < \varepsilon,$$

所以

$$\left| H(\widetilde{u}_n, u) - H(\widetilde{v}_n, v) \right| < \varepsilon.$$

Hukuhara 差是指：若 $\widetilde{u} = \widetilde{v} + \widetilde{w}$ 存在，记作 $\widetilde{u} ! \widetilde{v} = \widetilde{w}$，易证 H 差存在的充要条件是 $len(u_\lambda) \geqslant len(v_\lambda)$，$\forall \lambda \in [0,1]$，其中 $len(u_\lambda) = u_\lambda^+ - u_\lambda^-$. $\widetilde{u} ! \widetilde{v}$ 不一定存在，且 $\widetilde{u} + (-\widetilde{u}) \neq \widetilde{\theta}$.

引理 5.1.1 设 $A, B, C, D, E \in \widetilde{R}_F$，

（1）若 $A ! B$ 存在，$\forall \lambda \in R$，则 $\lambda \cdot A ! \lambda \cdot B$ 存在，且 $\lambda \cdot A ! \lambda \cdot B = \lambda(A ! B)$；

（2）若 $A!C$ 存在，则 $(A+B)!\,C$ 存在，且 $(A+B)!\,C=(A!\,C)+B$ ；

（3）若 $A!C$，$(A!C)!D$ 存在，则 $A!\,(C+D)=(A!\,C)!\,D$.

引理 5.1.2　设 $\lambda,\mu\in R,A\in\widetilde{R}_{\mathrm{F}}$ ，

（1）若 $\lambda>\mu\geqslant 0$ ，　则 $\lambda\cdot A!\,\mu A=(\lambda-\mu)\cdot A$

（2）若 $\lambda<\mu\leqslant 0$ ，　则 $\lambda\cdot A!\,\mu\cdot A=(\lambda-u)\cdot A$

定理 5.1.6　设 $A,B,C,D\in\widetilde{R}_{\mathrm{F}}$ ，

（1）　若 $A!\,B$ 存在，则 $H(A!\,B,C)=H(A,B+C)$ ；

（2）　$H(mA,nA)=|m-n|\,H(A,\theta)$ ，$(m,n\geqslant 0)$ ；

（3）若 $A!\,C,B!\,C$ 存在，则 $H(A!\,C,B!\,C)=H(A,B)$ ；

（4）若 $A!\,B,C!\,D$ 存在，则 $H(A!B,C!D)\leqslant H(A,C)+H(B,D)$.

证明　对于（1）式，若 $A!\,B$ 存在，设 $A=B+X$ ，得

$$H(A!\,B,C)=H(X,C)=H(B+X,B+C)=H(A,B+C) ；$$

对于（2）式，当 $mn\geqslant 0$ 时，

$$H(mA,nA)=\sup_{\lambda\in[0,1]}\max\left\{|\,mA_\lambda^--nA_\lambda^-\,|,|\,mA_\lambda^+-nA_\lambda^-\,|\right\}$$

$$=\sup_{\lambda\in[0,1]}\max\left\{|\,m-n\,|\cdot|\,A_\lambda^-\,|,|\,m-n\,|\cdot|\,A_\lambda^+\,|\right\}$$

$$=|\,m-n\,|\sup_{\lambda\in[0,1]}\max\left\{\left|A_\lambda^-\right|,\left|A_\lambda^+\right|\right\}$$

$$=|\,m-n\,|\,H(A,\widetilde{\theta}) ；$$

对于（3）式，由 $A!\,C,B!\,C$ 存在，不妨设 $A!\,C=X,B!\,C=Y$ ，得

$$H(A!\,C,B!\,C)=H(X,Y)=H(X+C,Y+C)=H(A,B) ，$$

（3）式成立.

定义 5.1.3　设 $f:(a,b)\to\widetilde{R}_{\mathrm{F}},x_0\in(a,b)$ ，则称 f 在 x_0 处广义可导(或

gH 可导），若存在

$f'(x_0) \in \tilde{R}_F$ 满足

(i) $\quad \lim\limits_{h \to 0^+} \dfrac{f(x_0+h) \ominus f(x_0)}{h} = \lim\limits_{h \to 0^+} \dfrac{f(x_0) \ominus f(x_0-h)}{h} = f'(x_0)$,

(ii) $\quad \lim\limits_{h \to 0^+} \dfrac{f(x_0) \ominus f(x_0+h)}{(-h)} = \lim\limits_{h \to 0^+} \dfrac{f(x_0-h) \ominus f(x_0)}{(-h)} = f'(x_0)$.

定理 5.1.7 设 $f : (a,b) \to \tilde{R}_F$, $x_0 \in (a,b)$,

（1）若 $f'(x_0)$ 满足定义 3.1.3 中(i)式，则

$$[f'(x_0)]_\lambda = [(f_\lambda^-)'(x_0), (f_\lambda^+)'(x_0)]$$

（2）若 $f'(x_0)$ 满足定义 3.1.3 中(ii)式，则

$$[f'(x_0)]_\lambda = [(f_\lambda^+)'(x_0), (f_\lambda^-)'(x_0)]$$

证明 对于（1）式，若 $f(x_0+h) \ominus f(x_0), f(x_0) \ominus f(x_0-h), (h > 0)$ 存在

由 $\lim\limits_{h \to 0^+} \dfrac{f(x_0+h) \ominus f(x_0)}{h} = f'(x_0)$, 得

$$H\left(\frac{f(x_0+h) \ominus f(x_0)}{h}, f'(x_0) \right)$$

$$= \sup_{\lambda \in [0,1]} \max \left\{ \left| \left(\frac{f(x_0+h) \ominus f(x_0)}{h} \right)_\lambda^- - (f'(x_0))_\lambda^- \right| , \left| \left(\frac{f(x_0+h) \ominus f(x_0)}{h} \right)_\lambda^+ - (f'(x_0))_\lambda^+ \right| \right\}$$

$$= \sup_{\lambda \in [0,1]} \max \left\{ \left| \frac{f_\lambda^-(x_0+h) - f_\lambda^-(x_0)}{h}, (f'(x_0))_\lambda^- \right| , \left| \frac{f_\lambda^+(x_0+h) - f_\lambda^+(x_0)}{h}, (f'(x_0))_\lambda^+ \right| \right\}$$

$$< \varepsilon$$

得

$$\left| \frac{f_\lambda^-(x_0+h)-f_\lambda^-(x_0)}{h},\left(f'(x_0)\right)_\lambda^- \right| < \varepsilon,$$

$$\left| \frac{f_\lambda^+(x_0+h)-f_\lambda^+(x_0)}{h},\left(f'(x_0)\right)_\lambda^+ \right| < \varepsilon,$$

则

$$\lim_{h\to 0^+}\frac{f_\lambda^-(x_0+h)-f_\lambda^-(x_0)}{h}=\left(f'(x_0)\right)_\lambda^-,\quad \lim_{h\to 0^+}\frac{f_\lambda^+(x_0+h)-f_\lambda^+(x_0)}{h}=\left(f'(x_0)\right)_\lambda^+,$$

同理由 $\lim\limits_{h\to 0^+}\dfrac{f(x_0)! \ f(x_0-h)}{h}=f'(x_0)$ ，得

$$\lim_{h\to 0^+}\frac{f_\lambda^-(x_0)-f_\lambda^-(x_0-h)}{h}=\left(f'(x_0)\right)_\lambda^-,$$

$$\lim_{h\to 0^+}\frac{f_\lambda^+(x_0)-f_\lambda^+(x_0-h)}{h}=\left(f'(x_0)\right)_\lambda^+,$$

综上可得，$[f'(x_0)]_\lambda=[(f_\lambda^-)'(x_0),(f_\lambda^+)'(x_0)]$.

对于（2）式，由 $\lim\limits_{h\to 0^+}\dfrac{f(x_0)! \ f(x_0+h)}{(-h)}=f'(x_0),(h>0)$ ，得

$$H(\frac{f(x_0)! \ f(x_0+h)}{-h},f'(x_0))<\varepsilon,$$

即

$$H(\frac{f(x_0)! \ f(x_0+h)}{-h},f'(x_0))$$

$$=\sup_{\lambda\in[0,1]}\max\left\{\left|\frac{f_\lambda^+(x_0)-f_\lambda^+(x_0+h)}{-h},\left(f'(x_0)\right)_\lambda^-\right|,\left|\frac{f_\lambda^+(x_0)-f_\lambda^+(x_0+h)}{-h},\left(f'(x_0)\right)_\lambda^-\right|\right\}$$

$< \varepsilon$ ，

得

$$\left| \frac{f_\lambda^+(x_0) - f_\lambda^+(x_0 + h)}{-h}, \left(f'(x_0) \right)_\lambda^- \right| < \varepsilon ,$$

$$\left| \frac{f_\lambda^-(x_0) - f_\lambda^-(x_0 + h)}{-h}, \left(f'(x_0) \right)_\lambda^+ \right| < \varepsilon ,$$

即

$$\lim_{h \to 0^+} \frac{f_\lambda^+(x_0) - f_\lambda^+(x_0 + h)}{-h} = \left(f'(x_0) \right)_\lambda^- ,$$

$$\lim_{h \to 0^+} \frac{f_\lambda^-(x_0) - f_\lambda^-(x_0 + h)}{-h} = \left(f'(x_0) \right)_\lambda^+ ,$$

同理由 $\displaystyle\lim_{h \to 0^+} \frac{f(x_0 - h) ! \ f(x_0)}{-h} = f'(x_0)$， 得

$$\lim_{h \to 0^+} \frac{f_\lambda^+(x_0 - h) - f_\lambda^+(x_0)}{-h} = \left(f'(x_0) \right)_\lambda^- ,$$

$$\lim_{h \to 0^+} \frac{f_\lambda^-(x_0 - h) - f_\lambda^-(x_0)}{-h} = \left(f'(x_0) \right)_\lambda^+ ,$$

综上所述, $\left(f'(x_0) \right)_\lambda = \left[\left(f'(x_0) \right)_\lambda^-, \left(f'(x_0) \right)_\lambda^+ \right] = \left[(f_\lambda^+)'(x_0), (f_\lambda^-)'(x_0) \right]$

若 $(f'(x_0))_\lambda = [(f_\lambda^-)', (f_\lambda^+)']$ 称 $f(x_0)$ 是 H_1 可导；若

$(f'(x_0))_\lambda = [(f_\lambda^+)', (f_\lambda^-)']$ 称 $f(x)$ 在 H_2 可导.

引理 5.1.3 任意模糊数 $A \in \widetilde{R}_F$, , 则 $\displaystyle\lim_{h \to 0} H(hA, \theta) = 0$

证明 因 $H(hA,\tilde{\theta}) = \sup_{\lambda\in[0,1]} \max\left\{\left|hA_\lambda^-\right|, \left|hA_\lambda^+\right|\right\} = h\cdot \sup_{\lambda\in[0,1]} \max\left\{\left|A_\lambda^-\right|, \left|A_\lambda^+\right|\right\}$

所以, $\lim_{h\to 0} H(hA,\tilde{\theta}) = \lim_{h\to 0} h \sup_{\lambda\in[0,1]} \max\left\{\left|A_\lambda^-\right|, \left|A_\lambda^+\right|\right\} = 0$.

定理 5.1.8 若 $f(x):(a,b)\to \widetilde{R}_F$ 是 H_1(或 H_2)可导, 则 $f(x)$ 在 $x=x_0$ 处连续.

证明 当 $f(x)\in \widetilde{R}_F$ H_1 可导时,

由 $H\left(\dfrac{f(x_0+h)\,!\,f(x_0)}{h}, f'(x_0)\right) < \dfrac{\varepsilon}{2h}$, 得

$$H\left[f(x_0+h), f(x_0)+hf'(x_0)\right] < \frac{\varepsilon}{2} ,$$

进一步可得,

$H\left[f(x_0+h), f(x_0)\right]$

$\leqslant H\left[f(x_0+h), f(x_0)+hf'(x_0)\right] + H\left[f(x_0)+hf'(x_0), f(x_0)\right]$

$= H\left[f(x_0+h), f(x_0)+hf'(x_0)\right] + H\left[hf'(x_0), \theta\right]$

$< \dfrac{\varepsilon}{2} + H\left[hf'(x_0), \theta\right]$,

即 $\lim_{h\to 0} H\left[f(x_0+h), f(x_0)\right] = 0$; 同理可证,

$$\lim_{h\to 0} H\left[f(x_0-h), f(x_0)\right] = 0 .$$

注 上面的定义依赖于 H 差存在, 即 $f(x)$ 在 $x=x_0$ 处可导的必要条件是
$f(x_0+h)\,!\,f(x_0)$, $f(x_0)\,!\,f(x_0-h)$ 或 $f(x_0)\,!\,f(x_0+h)$,
$f(x_0-h)\,!\,f(x_0)$ 存在. 若 $f(x)$ 在 (a,b) 内处处可导, 且在 $x=a$ 右可导, 在 $x=b$ 处左可导, 则称 $f(x)$ 在 (a,b) 上可导. 下面给出 $f(x)$ 在 (a,b) 内 H_1 可

导和 H_2 可导的必要条件,

条件 H_1: 若 $f(x+h) ! f(x)$ 和 $f(x) ! f(x-h)$ 存在, 其中 $x \in (a,b), h > 0$.

条件 H_2: 若 $f(x-h) ! f(x)$ 和 $f(x-h) ! f(x)$ 存在, 其中 $x \in (a,b), h > 0$.

定理 5.1.9 设 $f \in \widetilde{R}_F$, 则 $f(x)$ 在 (a,b) 上 H_1 可导的必要条件是 f 满足条件 H_1, $f(x)$ 在 (a,b) 上 H_2 可导的必要条件是 f 满足条件 H_2.

定理 5.1.10 $f(x) = \tilde{u} \cdot g(x)$, $g(x):(a,b) \to R$, 则 $f'(x) = \tilde{u} \cdot g'(x)$, $g'(x) \neq 0$.

证明 分以下九种情况进行讨论:

（1）$g(x_0)>0$, $g'(x_0)>0$; （2）$g(x_0)<0$, $g'(x_0)<0$, （3）$g(x_0)=0$, $g'(x_0)>0$; （4）$g(x_0)=0$, $g'(x_0)<0$; （5）$g(x_0)>0$, $g'(x_0)<0$; （6）$g(x_0)<0$, $g'(x_0)>0$; （7）$g(x_0)>0$, $g'(x_0)=0$; （8）$g(x_0)<0$, $g'(x_0)=0$; （9）$g(x_0)=0$, $g'(x_0)=0$.

其中（1）~（4）是 H_1 可导,（5）~（6）是 H_2 可导, 对于（7）~（9）得 $f'(x) = 0$ (本文中不做讨论).

下面我们只证明（1）和（5）情况, 其他情况与之类似.

若 $g(x_0)>0$, $g'(x_0)<0$, 取足够小 $h > 0$ 满足由 $g(x_0)>0$, $g'(x_0+h)>0$ 和

$g(x_0-h)>0$ 得 $g'(x_0) = \lim\limits_{h \to 0} \dfrac{g(x+h)-g(x)}{h} = \lim\limits_{h \to 0} \dfrac{g(x)-g(x-h)}{h}$,

可得 $g(x+h)-g(x)$, $g(x)-g(x-h)$,
且

$$\left| \frac{g(x+h)-g(x)}{h} - g'(x_0) \right| < \frac{\varepsilon}{\|u\|}, \quad \left| \frac{g(x)-g(x-h)}{h} - g'(x_0) \right| < \frac{\varepsilon}{\|u\|}$$

$$H\left(\frac{f(x+h) ! f(x)}{h}, g'(x_0)\tilde{u} \right) = H\left(\frac{(g(x_0+h)-g(x_0))\tilde{u}}{h}, g'(x_0)\tilde{u} \right)$$

$$= \left| \frac{g(x_0+h)-g(x_0)}{h} - g'(x_0) \right| \cdot H(\tilde{u},\tilde{\theta})$$

$$= \left| \frac{g(x_0+h)-g(x_0)}{h} - g'(x_0) \right| \cdot \left\| \tilde{u} \right\|$$

$$< \frac{\varepsilon}{\left\| \tilde{u} \right\|} \cdot \left\| \tilde{u} \right\| = \varepsilon ,$$

同理可证，$H\left(\dfrac{f(x) ! \ f(x-h)}{h}, g'(x_0)u \right) < \varepsilon$，

所以，$f'(x_0) = \tilde{u} \cdot g'(x_0)$．

若 $g(x_0) > 0, g'(x_0) < 0$，取足够小 $h > 0$ 满足

$g(x_0+h) > 0, g(x_0-h) > 0$，得

$$g'(x_0) = \lim_{h \to 0} \frac{g(x)-g(x_0+h)}{-h} = \lim_{h \to 0} \frac{g(x-h)-g(x_0)}{-h} < 0 ,$$

且 $g(x_0) - g(x_0+h) > 0, g(x-h)-g(x) > 0$，

也即 $\forall \, \varepsilon > 0$ 得，

$$\left| \frac{g(x)-g(x_0+h)}{-h} - g'(x_0) \right| < \frac{\varepsilon}{\left\| \tilde{u} \right\|}, \left| \frac{g(x-h)-g(x)}{-h}, g(x_0) \right| < \frac{\varepsilon}{\left\| \tilde{u} \right\|} ,$$

$$H\left(\frac{f(x_0) ! \ f(x_0-h)}{-h}, \tilde{u} \cdot g'(x_0) \right) = H\left(\frac{(g(x_0)-g(x_0+h)) \cdot \tilde{u}}{-h}, \tilde{u} \cdot g'(x_0) \right)$$

$$= \left(\frac{g(x_0)-g(x_0+h)}{-h} - g'(x_0) \right) \cdot H(\tilde{u},\tilde{\theta})$$

$$= \left\| \frac{g(x_0)-g(x_0+h)}{-h} - g'(x_0) \right\| \cdot \left\| \tilde{u} \right\|$$

$$< \frac{\varepsilon}{\left\| \tilde{u} \right\|} \left\| \tilde{u} \right\| = \varepsilon ,$$

同理可证，$H\left(\dfrac{f(x_0 - h) \, ! \, f(x_0)}{-h}, g'(x_0) \cdot \tilde{u} \right) < \varepsilon$，

所以，$f'(x_0) = u \cdot g'(x_0)$.

定理 5.1.11 若 $f, g : (a, b) \to \widetilde{R}_F$ 是 H_1(或 H_2)可导，则

（1）$(f(x_0) + g(x_0))' = f'(x_0) + g'(x_0)$；

（2）$(k \cdot f(x_0))' = k \cdot f'(x_0)$.

证明 略.

定理 5.1.12 设 $f, g : (a, b) \to \widetilde{R}_F$ 是广义可导的，

（1）若 f 是 H_1 可导，g 是 H_2 可导，$f + g$ 满足 H_1 差，则 $f + g$ 是 H_1 可导，且 $(f + g)'(x_0) = f'(x_0) \, ! \, (-1) \cdot g'(x_0)$；

（2）若 f 是 H_1 可导，g 是 H_2 可导，$f + g$ 满足 H_2 差，则 $f + g$ 是 H_2 可导，且 $(f + g)'(x) = g'(x) \, ! \, (-1) \cdot f'(x)$.

证明 只证（2）式，（1）式的证明与（2）式相同，

由 f 是 H_1 可导，g 是 H_2 可导，可得

$$f(x+h) \, ! \, f(x) = u_1(x, h), \quad f(x) \, ! \, f(x-h) = u_2(x, h),$$

$$g(x) \, ! \, g(x+h) = v_1(x, h), \quad g(x-h) \, ! \, g(x) = v_2(x, h),$$

也即

$$f(x+h) = f(x) + u_1(x, h), \quad f(x) = f(x-h) + u_2(x, h),$$

$$g(x) = g(x+h) + v_1(x, h), \quad g(x-h) = g(x) + v_2(x, h),$$

$$f(x+h) + g(x) = f(x) + g(x+h) + u_1(x, h) + v_1(x, h),$$

$$f(x) + g(x-h) = f(x-h) + g(x) + u_2(x, h) + v_2(x, h),$$

再由 $\left[f(x) + g(x) \right]$ 满足 H_2 差，即如下式存在，

$$\left[f(x) + g(x) \right] \, ! \, \left[f(x+h) + g(x+h) \right], \quad \left[f(x-h) + g(x-h) \right] \, ! \, \left[f(x) + g(x) \right]$$

不妨设为，

$$f(x) + g(x) = f(x+h) + g(x+h) + w_1(x, h),$$

$$f(x-h)+g(x-h)=f(x)+g(x)+w_2(x,h)，$$

有

$$v_1(x,h)=w_1(x,h)+w_2(x,h)，\quad v_2(x,h)=u_2(x,h)+w_2(x,h)，$$

$$(f(x)+g(x))！(f(x+h)+g(x+h))=v_1(x,h)！u_1(x,h)，$$

$$(f(x-h)+g(x-h))！(f(x)+g(x))=v_2(x,h)！u_2(x,h)，$$

再根据 H_1 可导的定义，

$$\lim_{h\to 0^-}\frac{(f(x)+g(x))！(f(x+h)+g(x+h))}{-h}=\lim_{h\to 0}\frac{v_1(x,h)！u_1(x,h)}{-h}，$$

$$=\lim_{h\to 0}\frac{v_1(x,h)}{-h}！\lim_{h\to 0}\frac{u_1(x,h)}{-h}=g'(x)！(-1)f'(x)，$$

$$\lim_{h\to 0^-}\frac{\left[f(x-h)+g(x-h)\right]！\left[f(x)+g(x)\right]}{-h}$$

$$=\lim_{h\to 0}\frac{v_2(x,h)！u_2(x,h)}{-h}=g'(x)！(-1)f'(x)，$$

结论得证.

定理 5.1.13　设 $f,g:(a,b)\to \widetilde{R}_{\mathrm{F}}$ 是广义可导的，

（1）若 f,g 是 H_1 可导，$f！g$ 存在，且满足 H_1 条件，则 $f！g$ 是 H_1 可导，且

$$(f！g)'(x)=f'(x)！g'(x), x\in(a,b)；$$

（2）若 f,g 是 H_1 可导，$f！g$ 存在且满足 H_2 条件，则 $f！g$ 是 H_2 可导，且

$$(f！g)'(x)=-\left[g'(x)！f'(x)\right], x\in(a,b)；$$

（3）若 f,g 是 H_2 可导，$f！g$ 存在，且满足 H_1 条件，则 $f！g$ 是 H_1 可导，且

$$(f！g)'(x)=-\left[g'(x)！f'(x)\right], x\in(a,b)；$$

（4）若 f,g 是 H_2 可导，$f ! g$ 存在，且满足 H_2 条件，则 $f ! g$ 是 H_2 可导，且

$$(f ! g)'(x) = f'(x) ! g'(x), x \in (a,b).$$

证明 只证（2）式，（1）、（3）和（4）式的证明与之类似.

对于（2）式，因为 $f(x),g(x)$ 是 H_1 可导，则

$$f(x+h) ! f(x), f(x) ! f(x-h), g(x+h) ! g(x), g(x) ! g(x-h)$$

存在，不妨设

$$f(x+h) = f(x) + u_1(x,h), f(x) = f(x-h) + u_2(x,h),$$

$$g(x+h) = g(x) + v_2(x,h), g(x) = g(x-h) + v_2(x,h),$$

$f(x) ! g(x)$ 存在，且满足 H_2 条件，则

$$f(x) ! g(x) ! (f(x+h) ! g(x+h)), (f(x-h) ! g(x-h) ! f(x) ! g(x))$$

存在，不妨设为

$$f(x) ! g(x) = f(x+h) ! g(x+h) + w_1(x,h),$$

$$f(x-h) ! g(x-h) = f(x) ! g(x) + w_2(x,h),$$

即

$$g(x+h) ! g(x) = f(x+h) ! f(x) + w_1(x,h),$$

$$g(x) ! g(x-h) = f(x) ! f(x-h) + w_2(x,h),$$

也即

$$v_1(x,h) = u_1(x,h) + w_1(x,h),$$

$$v_2(x,h) = u_2(x,h) + w_2(x,h),$$

由 H_2 可导的定义，

$$\lim_{h \to 0^-} \frac{[f(x) ! g(x)] ! [f(x+h) ! g(x+h)]}{-h}$$

$$= \lim_{h \to 0} \frac{v_1(x,h) ! u_1(x,h)}{-h}$$

$$= \lim_{h \to 0} \frac{v_1(x,h)}{-h} \mathop{!} \lim_{h \to 0} \frac{u_1(x,h)}{-h}$$

$$= -\left[g'(x_0) \mathop{!} f'(x) \right],$$

同理可证,

$$\lim_{h \to 0^-} \frac{\left[f(x-h) \mathop{!} g(x-h) \right] \mathop{!} \left[f(x) \mathop{!} g(x) \right]}{-h} = -\left[g'(x_0) \mathop{!} f'(x) \right].$$

定理 5.1.14 设 $f, g : (a,b) \to \widetilde{R}_F$ 是可导的, 且满足 $f(x)$ 是 H_1 可导, $g(x)$ 是 H_2 可导或 $f(x)$ 是 H_2 可导, $g(x)$ 是 H_1, 若 $f(x) \mathop{!} g(x)$ 存在, 则

$$(f \mathop{!} g)'(x) = f'(x) + (-1) \cdot g'(x), x \in (a,b) .$$

证明 第一种情况, 当 $f(x)$ 是 H_1 可导, $g(x)$ 是 H_2 可导, 可得

$$f(x_0 + h) \mathop{!} f(x_0) = u_1(x_0 + h) \Leftrightarrow f(x_0 + h) = f(x_0) + u_1(x,h) ,$$

$$g(x) \mathop{!} g(x_0 + h) = v_1(x_0 + h) \Leftrightarrow g(x) = g(x_0 + h) + v_1(x,h) ,$$

两式相加得,

$$f(x+h) + g(x) = f(x) + g(x+h) + u_1(x,h) + v_1(x,h) ,$$

即

$$f(x+h) \mathop{!} g(x+h) = f(x) \mathop{!} g(x) + u_1(x,h) + v_1(x,h) ,$$

$$\left[f(x+h) \mathop{!} g(x+h) \right] \mathop{!} \left[f(x) \mathop{!} g(x) \right] = u_1(x,h) + v_1(x,h) ,$$

同理有

$$f(x) \mathop{!} f(x-h) = u_2(x,h) \Leftrightarrow f(x) = f(x-h) + u_2(x,h) ,$$

$$g(x-h) \mathop{!} g(x) = v_2(x,h) \Leftrightarrow g(x-h) = g(x) + v_2(x,h) ,$$

两式相加得,

$$f(x) + g(x-h) = f(x-h) + g(x) + u_2(x,h) + v_2(x,h) ,$$

即

$$f(x) \mathop{!} g(x) = f(x-h) \mathop{!} g(x-h) + u_2(x,h) + v_2(x,h) ,$$

$$\left[f(x) \mathop{!} g(x) \right] \mathop{!} \left[f(x-h) \mathop{!} g(x-h) \right] = u_2(x,h) + v_2(x,h) ,$$

由导数定义得，

$$\lim_{h\to 0^-}\frac{[f(x+h)!g(x+h)]![f(x)!g(x)]}{h}=f'(x)+(-g'(x)),$$

$$\lim_{h\to 0^-}\frac{[f(x)!g(x)]![f(x-h)!g(x-h)]}{h}=f'(x)+[-g'(x)].$$

下面我们来讨论模糊微分方程解的结构

$$\begin{cases}y'(t)=F[t,y(t)]\\y(t_0)=y_0\in\widetilde{R}_\mathrm{F}\end{cases}\qquad(1)$$

其中 $F:[a,b]\times\widetilde{R}_\mathrm{F}\to\widetilde{R}_\mathrm{F}$ 是一个连续的模糊值函数，$y(t_0)\in\widetilde{R}_\mathrm{F}$.不妨记 $(y(t))_\lambda=[y_\lambda^-(t),y_\lambda^+(t)]$，$[y(t_0)]_\lambda=[y_\lambda^-(t_0),y_\lambda^+(t)]=[y^-,y^+]$，

$$F_\lambda[t,y(t)]=[F[t,y(t)]]_\lambda=[F_\lambda^-[t,y_\lambda^-(t)]y_\lambda^+(t)]F_\lambda^+[t,y_\lambda^-(t),]]$$

第一种情况，若 $y(t)$ 是 H_1 可导的，即 $y'(t)=\left[(y_\lambda^-)'(t),(y_\lambda^+)'(t)\right]$，则方程（1）等价于

$$\begin{cases}(y_\lambda^-)'(t)=F_\lambda^-(t,y_\lambda^-(t),y_\lambda^+(t),\\(y_\lambda^+)'(t)=F_\lambda^+(t,y_\lambda^-(t),y_\lambda^+(t),\\y_\lambda^-(t_0)=y_0^-,\\y_\lambda^+(t_0)=y_0^+,\end{cases}$$

对任意 $\lambda\in[0,1]$ 成立.

第二种情况，若 $y(t)$ 是 H_2 可导的，即 $y'(t)=\left[(y_\lambda^+)'(t),(y_\lambda^-)'(t)\right]$，则方程（1）等价于

$$\begin{cases} (y_\lambda^+)'(t) = F_\lambda^-(t, y_\lambda^-(t), y_\lambda^+(t), \\ (y_\lambda^-)'(t) = F_\lambda^+(t, y_\lambda^-(t), y_\lambda^+(t), \\ y_\lambda^-(t_0) = y_0^-, \\ y_\lambda^+(t_0) = y_0^+, \end{cases}$$

对任意 $\lambda \in [0, 1]$ 成立.

考虑马尔萨斯问题

$$\begin{cases} y'(t) = -my(t), \\ y(t_0) = y_0 \in \widetilde{R}_F, \end{cases} \tag{2}$$

其中 $y(t) \in \widetilde{R}_F$，m 是非负实数.

第一种情况，若 $y(t)$ 是 H_1 可导的，则（2）式等价转化为

$$\begin{cases} (y_\lambda^-)'(t) = -my_\lambda^+(t), \\ (y_\lambda^+)'(t_0) = -my_\lambda^-(t), \\ (y(t_0))_\lambda = [(y_0)_\lambda^-, (y_0)_\lambda^+], \end{cases}$$

解得

$$\begin{cases} y_\lambda^-(t) = (y_0)_\lambda^- e^{m(t-t_0)} \\ y_\lambda^+(t) = (y_0)_\lambda^+ e^{m(t-t_0)} \end{cases}$$

即 $y_\lambda(t) = \left[(y_0)_\lambda^- e^{m(t-t_0)}, (y_0)_\lambda^+ e^{m(t-t_0)} \right]$.

第二种情况，若 $y(t)$ 是 H_2 可导的，则（2）式等价转化为

$$\begin{cases} (y_\lambda^-)'(t) = -my_\lambda^-(t) \\ (y_\lambda^+)'(t) = -my_\lambda^+(t) \\ (y(t_0))_\lambda = [(y_0)_\lambda^-, (y_0)_\lambda^+] \end{cases}$$

解得

$$y_\lambda^-(t) = (y_0)_\lambda^- e^{-m(t-t_0)}, \quad y_\lambda^+(t) = (y_0)_\lambda^+ e^{-m(t-t_0)},$$

即 $y_\lambda(t) = \left[(y_0)_\lambda^- e^{-m(t-t_0)}, (y_0)_\lambda^+ e^{-m(t-t_0)} \right]$.

例 5.1.1 $\begin{cases} y'(t) = -my(t) \\ y(0) = (-a; 0; a) \end{cases}$

其中 $m > 0$, $y_0 = (-a; 0; a)$ 是三角模糊数.

易得 $(y_0)_\lambda^- = -a(1-\lambda)$, $(y_0)_\lambda^+ = a(1-\lambda)$. 第一种情况若 $y(t)$ 是 H_1 可导,
则 $y_\lambda(t) = \left[-a(1-\lambda)e^{mt}; a(1-\lambda)e^{mt} \right]$. 第二种情况,若 $y(t)$ 是 H_2 可导,则
$y_\lambda(t) = \left[-a(1-\lambda)e^{-mt}; -a(1-\lambda)e^{-mt} \right]$.

不难发现例 1 中的马尔萨斯问题有两个解,分别是 H_1 导数和 H_2 可导数
下的解,而我们希望微分问题的是唯一的、确定的.

定理 5.1.15 在方程(1)中,设 $F[t, y(t)]: [a, b] \times \widetilde{R}_F$ 是连续的模糊值函
数,若存在实数 $k \in R^+$,满足 $H[F(t, \tilde{u}), F(t, \tilde{v})] \leq K \cdot H(\tilde{u}, \tilde{v})$,对任意
$t \in [a, b], \tilde{u}, \tilde{v} \in \widetilde{R}_F$ 成立,则方程(1)有两个确定解.

下面我们考虑一阶线性模糊微分方程.

$$\begin{cases} y'(t) = a(t)y(t) + f(t), t \in I \\ y(0) = y_0 \in \widetilde{R}_F \end{cases} \tag{3}$$

其中 $a(t): I \to R$, $y_0 \in \widetilde{R}_F$, $f(t): I \to \widetilde{R}_F$.

下面我们研究 $a(t) > 0$, $a(t) < 0$ 和 $a(t) = 0$ 三种情况:

第一种情况,若 $a(t) < 0$, $y(t)$ 是 H_1 可导,则(3)式等价于

$$\begin{cases} (y_\lambda^-)'(t) = a(t)y_\lambda^+(t) + f_\lambda^-(t), \\ (y_\lambda^+)'(t) = a(t)y_\lambda^-(t) + f_\lambda^+(t), \\ y_\lambda^-(0) = y_0^-, \\ y_\lambda^+(0) = y_0^+, \end{cases} \tag{4}$$

不妨把以上方程组设为

$$\begin{pmatrix} y_\lambda^-(t) \\ y_\lambda^+(y) \end{pmatrix}' = \begin{pmatrix} 0 & a(t) \\ a(t) & 0 \end{pmatrix} \begin{pmatrix} y_\lambda^-(t) \\ y_\lambda^+(t) \end{pmatrix} + \begin{pmatrix} f_\lambda^-(t) \\ f_\lambda^+(t) \end{pmatrix},$$

记　$Y_\lambda(t) = \begin{pmatrix} y_\lambda^-(t) \\ y_\lambda^+(t) \end{pmatrix}, A(t) = \begin{pmatrix} 0 & a(t) \\ a(t) & 0 \end{pmatrix}, B(t) = \begin{pmatrix} f_\lambda^-(t) \\ f_\lambda^+(t) \end{pmatrix},$

则以上方程将转换为,

$$Y_\lambda'(t) = A(t)Y_\lambda(t) + B(t) , \qquad\qquad (5)$$

由常数变易法解（5）式为,

$$Y(t) = e^{\int_0^t A(u)\mathrm{d}u}\left(Y_0 + \int_0^t e^{-\int_0^s A(u)\mathrm{d}u} B(s)\mathrm{d}s \right),$$

易求

$$e^{\int_0^t A(u)\mathrm{d}u} = \begin{pmatrix} \cosh\left(\int_0^t a(u)\mathrm{d}u\right) & \sinh\left(\int_0^t a(u)\mathrm{d}u\right) \\ \sinh\left(\int_0^t a(u)\mathrm{d}u\right) & -\cosh\left(\int_0^t a(u)\mathrm{d}u\right) \end{pmatrix},$$

$$e^{-\int_0^s A(u)\mathrm{d}u} = \begin{pmatrix} \cosh\left(\int_0^t a(u)\mathrm{d}u\right) & -\sinh\left(\int_0^t a(u)\mathrm{d}u\right) \\ -\sinh\left(\int_0^t a(u)\mathrm{d}u\right) & \cosh\left(\int_0^t a(u)\mathrm{d}u\right) \end{pmatrix},$$

则（5）式转化为

$$\begin{pmatrix} y_\lambda^-(t) \\ y_\lambda^+(t) \end{pmatrix} = \begin{pmatrix} \cosh\left(\int_0^t a(u)\mathrm{d}u\right) & \sinh\left(\int_0^t a(u)\mathrm{d}u\right) \\ \sinh\left(\int_0^t a(u)\mathrm{d}u\right) & \cosh\left(\int_0^t a(u)\mathrm{d}u\right) \end{pmatrix}$$

$$\times \left(\begin{pmatrix} (y_0)_\lambda^- \\ (y_0)_\lambda^+ \end{pmatrix} + \int_0^t \begin{pmatrix} \cosh\left(\int_0^s a(u)\mathrm{d}u\right) & -\sinh\left(\int_0^s a(u)\mathrm{d}u\right) \\ -\sinh\left(\int_0^s a(u)\mathrm{d}u\right) & \cosh\left(\int_0^s a(u)\mathrm{d}u\right) \end{pmatrix} \begin{pmatrix} f_\lambda^-(s) \\ f_\lambda^+(s) \end{pmatrix}\mathrm{d}s \right)$$

即

$$
\begin{pmatrix} y_\lambda^-(t) \\ y_\lambda^+(t) \end{pmatrix} = \begin{pmatrix} \cosh\left(\int_0^t a(u)\mathrm{d}u\right) & \sinh\left(\int_0^t a(u)\mathrm{d}u\right) \\ \sinh\left(\int_0^t a(u)\mathrm{d}u\right) & \cosh\left(\int_0^t a(u)\mathrm{d}u\right) \end{pmatrix} \times
$$

$$
\begin{pmatrix} (y_0)_\lambda^- + \int_0^t \left(f_\lambda^-(s)\cosh\left(\int_0^s a(u)\mathrm{d}u\right) - f_\lambda^+(s)\sinh\left(\int_0^s a(u)\mathrm{d}u\right) \right)\mathrm{d}s \\ (y_0)_\lambda^+ + \int_0^t \left(-f_\lambda^-(s)\sinh\left(\int_0^s a(u)\mathrm{d}u\right) + f_\lambda^+(s)\cosh\left(\int_0^s a(u)\mathrm{d}u\right) \right)\mathrm{d}s \end{pmatrix}
$$

解得

$$
y_\lambda^-(t) = \cosh\left(\int_0^t a(u)\mathrm{d}u\right)\left\{ (y_0)_\lambda^- + \int_0^t \left(f_\lambda^-(s)\cosh\left(\int_0^s a(u)\mathrm{d}u\right) - f_\lambda^+(s)\sinh\left(\int_0^s a(u)\mathrm{d}u\right) \right)\mathrm{d}s \right\}
$$

$$
+ \sinh\left(\int_0^t a(u)\mathrm{d}u\right)\left\{ (y_0)_\lambda^+ + \int_0^t \left(-f_\lambda^-(s)\sinh\left(\int_0^s a(u)\mathrm{d}u\right) + f_\lambda^+(s)\cosh\left(\int_0^s a(u)\mathrm{d}u\right) \right)\mathrm{d}s \right\}
$$

$$
y_\lambda^+(t) = \sinh\left(\int_0^t a(u)\mathrm{d}u\right)\left\{ (y_0)_\lambda^- + \int_0^t \left(f_\lambda^-(s)\cosh\left(\int_0^s a(u)\mathrm{d}u\right) - f_\lambda^+(s)\sinh\left(\int_0^s a(u)\mathrm{d}u\right) \right)\right.
$$

$$
+ \cosh\left(\int_0^t a(u)\mathrm{d}u\right)\left\{ (y_0)_\lambda^+ + \int_0^t \left(-f_\lambda^-(s)\sinh\left(\int_0^s a(u)\mathrm{d}u\right) + f_\lambda^+(s)\cosh\left(\int_0^s a(u)\mathrm{d}u\right) \right)\mathrm{d}s \right\}
$$

则当 $a(t) < 0, y(t)$ 是 H_1 可导的情况下（3）的解为

$$
y(t) = \cosh\left(\int_0^t a(u)\mathrm{d}u\right)\left(y_0 + \int_0^t \left[f(s)\cosh\left(\int_0^s a(u)\mathrm{d}u\right)! f(s)\cdot\sinh\left(\int_0^s a(u)\mathrm{d}u\right) \right]\mathrm{d}s \right)
$$

$$
+ \sinh\int_0^t a(u)\mathrm{d}u\left(y_0 + \int_0^t \left[f(s)\cosh\left(\int_0^s a(u)\mathrm{d}u\right)! f(s)\cdot\sinh\left(\int_0^s a(u)\mathrm{d}u\right) \right]\mathrm{d}s \right).
$$

第二种情况，当 $a(t) < 0, y(t)$ 是 H_2 可导，(3)式等价于

$$\begin{cases} (y_\lambda^-)'(t) = a(t)y_\lambda^-(t) + f_\lambda^+(t), \\ (y_\lambda^+)'(t) = a(t)y_\lambda^+(t) + f_\lambda^-(t), \\ y_\lambda^-(0) = (y_0)_\lambda, \end{cases}$$

易解得上述微分方程为

$$y_\lambda^-(t) = e^{\int_0^t a(u)du}\left(y_\lambda^-(0) + \int_0^t f_\lambda^+(s)e^{\int_0^s a(u)du}\, ds \right),$$

$$y_\lambda^+(t) = e^{\int_0^t a(u)du}\left(y_\lambda^+(0) + \int_0^t f_\lambda^-(s)e^{-\int_0^s a(u)du}\, ds \right),$$

也即 (3) 式的解为

$$y(t) = e^{\int_0^t a(u)du}\left(y_0 + \int_0^t \left(f(s)e^{-\int_0^s a(u)du}\, ds \right) \right).$$

第三种情况，当 $a(t) > 0$，$y(t)$ 是 H_1 可导，(3) 式等价于

$$\begin{cases} (y_\lambda^-)'(t) = a(t)y_\lambda^-(t) + f_\lambda^-(t), \\ (y_\lambda^+)'(t) = a(t)y_\lambda^+(t) + f_\lambda^+(t), \\ y_\lambda^-(0) = (y_0)_\lambda^-, \\ y_\lambda^+(0) = (y_0)_\lambda^+, \end{cases}$$

易得

$$y_\lambda^-(t) = e^{\int_0^t a(u)du}\left(y_\lambda^-(0) + \int_0^t f_\lambda^-(s)e^{-\int_0^s a(u)du}\, ds \right),$$

$$y_\lambda^+(t) = e^{\int_0^t a(u)du}\left(y_\lambda^+(0) + \int_0^t f_\lambda^+(s)e^{-\int_0^s a(u)du}\, ds \right),$$

也即

$$y(t) = e^{\int_0^t a(u)du}\left(y_0 ! \left(\int_0^t - f(s)e^{-\int_0^s a(u)du}\, ds \right) \right).$$

第四种情况，当 $a(t) > 0$，$y(t)$ 是 H_2 可导，(3) 式等价于

$$\begin{cases} (y_\lambda^-)'(t) = a(t)y_\lambda^+(t) + f_\lambda^+(t), \\ (y_\lambda^+)'(t) = a(t)y_\lambda^-(t) + f_\lambda^-(t), \\ y_\lambda^-(0) = (y_0)_\lambda^-, \\ y_\lambda^+(0) = (y_0)_\lambda^+, \end{cases}$$

得上述方程的解为

$$y_\lambda^-(t) = \cosh\left(\int_0^t a(u)\mathrm{d}u\right)\left\{(y_0)_\lambda^- + \int_0^t \left(f_\lambda^+(s)\cosh\left(\int_0^s a(u)\mathrm{d}u\right) - f_\lambda^-(s)\sinh\left(\int_0^s a(u)\mathrm{d}u\right)\right)\right.$$

$$+ \sinh\left(\int_0^t a(u)\mathrm{d}u\right)\left\{(y_0)_\lambda^+ + \int_0^t \left(-f_\lambda^+(s)\sinh\left(\int_0^s a(u)\mathrm{d}u\right) + f_\lambda^-(s)\cosh\left(\int_0^s a(u)\mathrm{d}u\right)\right)\mathrm{d}s\right\}$$

$$y_\lambda^+(t) = \sinh\left(\int_0^t a(u)\mathrm{d}u\right)\left\{(y_0)_\lambda^- + \int_0^t \left(f_\lambda^+(s)\cosh\left(\int_0^s a(u)\mathrm{d}u\right) - f_\lambda^-(s)\sinh\left(\int_0^s a(u)\mathrm{d}u\right)\right)\right.$$

$$+ \cosh\left(\int_0^t a(u)\mathrm{d}u\right)\left\{(y_0)_\lambda^+ + \int_0^t \left(-f_\lambda^+(s)\sinh\left(\int_0^s a(u)\mathrm{d}u\right) + f_\lambda^-(s)\cosh\left(\int_0^s a(u)\mathrm{d}u\right)\right)\mathrm{d}s\right\}$$

若 $y_0 ! \int_0^t \left[f(s)\sinh\left(\int_0^s a(u)\mathrm{d}u\right) - f(s)\cosh\left(\int_0^s a(u)\mathrm{d}u\right)\right]\mathrm{d}s$ 存在，则

$$y(t) = \cosh\left(\int_0^t a(u)\mathrm{d}u\right)\left(y_0 ! \int_0^t \left[f(s)\sinh\left(\int_0^s a(u)\mathrm{d}u\right) - f(s)\cosh\left(\int_0^s a(u)\mathrm{d}u\right)\right]\mathrm{d}s\right)!$$

$$(-1)\sinh\left(\int_0^t a(u)\mathrm{d}u\right)\left(y_0 ! \int_0^t \left[f(s)\sinh\left(\int_0^s a(u)\mathrm{d}u\right) - f(s)\cosh\left(\int_0^s a(u)\mathrm{d}u\right)\right]\mathrm{d}s\right),$$

是 (3) 式的解.

第五种情况，若 $a(t) = 0$，则 (3) 等价于

$$\begin{cases} y'(t) = f(t), \\ y(0) = y_0, \end{cases}$$

若 $y(t)$ 是 H_1 可导，则上述模糊微分方程可转化为

$$\begin{cases}[(y_\lambda^-)'(t),(y_\lambda^+)'(t)]=[f_\lambda^-(t),f_\lambda^+(t)],\\ [(y_\lambda^-(0),y_\lambda^+(0)]=[(y_0)_\lambda^-,(y_0)_\lambda^+],\end{cases}$$

则上述的解为 $y(t)=y_0+\int_0^t f(s)\mathrm{d}s$.

若 $y(t)$ 是 H_2 可导，则上述模糊微分方程可转化为

$$\begin{cases}[(y_\lambda^+)'(t),(y_\lambda^-)'(t)]=[f_\lambda^-(t),f_\lambda^+(t)],\\ [(y_\lambda^-(0),y_\lambda^+(0)]=[(y_0)_\lambda^-,(y_0)_\lambda^+],\end{cases}$$

则上述的解为 $y(t)=y_0!\int_0^t-f(s)\mathrm{d}s$.

例 5.1.2　讨论如下模糊微分方程的解

$$\begin{cases}y'(t)=y(t),\\ y(0)=y_0\in\widetilde{R}_\mathrm{F},\end{cases}$$

其中 $y_0=(-1;\ 0;\ 1)$.

若 $y(t)$ 是 H_1 可导，则

$$\left[(y_\lambda^-)'(t),(y_\lambda^-)'(t)\right]=\left[y^{-1}(t),y_\lambda^+(t)\right],\quad(y_0)_\lambda=[\lambda-1,1-\lambda],$$

解得 $\left[(y_\lambda^-)(t),(y_\lambda^+)(t)\right]=\left[(\lambda-1)\mathrm{e}^t,(1-\lambda)\mathrm{e}^t\right]$，即 $y(t)=y_0\mathrm{e}^t$. 若 $y(t)$ 是 H_2 可导，则 $[(y_\lambda^+)'(t),(y_\lambda^-)'(t)]=[y_\lambda^-(t),y_\lambda^+(t)]$，$(y_0)_\lambda=[\lambda-1,1-\lambda]$，解得 $y_\lambda(t)=[\cosh(t)\cdot(\lambda-1)+\sinh(t)(1-\lambda),\cosh(t)(1-\lambda)+\sinh(t)(\lambda-1)]=y_0\mathrm{e}^{-t}$ 即　$y(t)=y_0\mathrm{e}^{-t}$.

例 5.1.3　讨论如下模糊微分方程的解

$$\begin{cases}y'(t)=-y(t),\\ y(0)=y_0\in\widetilde{R}_\mathrm{F},\end{cases}$$

其中 $y_0=(-1;\ 0;\ 1)$.

若 $y(t)$ 是 H_1 可导的，则 $(y_\lambda)'(t)=[(y_\lambda^-)'(t),(y_\lambda^+)'(t)]$，上述方程等价于

$$[(y_\lambda^-)'(t), (y_\lambda^+)'(t)] = [-y_\lambda^+(t), -y_\lambda^-(t)], (y_0)_\lambda = [\lambda - 1, 1 - \lambda] \ ,$$

解得

$$y_\lambda(t) = [\cosh(t) \cdot (\lambda - 1) + \sinh(t)(1 - \lambda), \cosh(t)(1 - \lambda) - \sinh(t)(\lambda - 1)] \ ,$$

即 $y(t) = \mathrm{e}^t \cdot y_0$. 若 $y(t)$ 是 H_2 可导的，则 $(y_\lambda)'(t) = [(y_\lambda^+)'(t), (y_\lambda^-)'(t)]$ ，

上述方程等价于

$$[(y_\lambda^+)'(t), (y_\lambda^-)'(t)] = [-y_\lambda^+(t), -y_\lambda^-(t)], (y_0)_\lambda = [\lambda - 1, 1 - \lambda] \ ,$$

解得 $y_\lambda(t) = \left[(\lambda - 1)\mathrm{e}^{-t}, (1 - \lambda)\mathrm{e}^t\right]$，即 $y(t) = y_0 \mathrm{e}^{-t}$.

例 5.1.4 讨论如下模糊微分方程的解

$$\begin{cases} y'(t) = 2ty(t) + ty_0, t \in R^+, \\ y(0) = y_0 \in \widetilde{R}_\mathrm{F}, \end{cases}$$

其中 $y_0 = (-1; \ 0; \ 1)$.

若 $y(t)$ 是 H_1 可导，则上述模糊微分方程可转化为

$$\begin{cases} (y_\lambda^-)'(t) = 2ty_\lambda^-(t) + (y_0)_\lambda^- \cdot t, \\ (y_\lambda^+)'(t) = 2ty_\lambda^+(t) + (y_0)_\lambda^+ \cdot t, \\ y_\lambda^-(0) = (y_0)_\lambda^- = \lambda - 1, \\ y_\lambda^+(0) = (y_0)_\lambda^+ = 1 - \lambda, \end{cases}$$

解 得 $y_\lambda^-(t) = \dfrac{1}{2}\left(3\mathrm{e}^{t^2} - 1\right) \cdot (\lambda - 1)$ ， $y_\lambda^+(t) = \dfrac{1}{2}\left(3\mathrm{e}^{t^2} - 1\right) \cdot (1 - \lambda)$ ， 即

$$y(t) = \frac{1}{2}\left(3\mathrm{e}^{t^2} - 1\right) \cdot y_0.$$

若 $y(t)$ 是 H_2 可导，则上述方程等价于

$$\begin{cases} (y_\lambda^+)'(t) = 2t \cdot y_\lambda^-(t) + t \cdot (y_0)_\lambda^-, \\ (y_\lambda^-)'(t) = 2t \cdot y_\lambda^+(t) + t \cdot (y_0)_\lambda^+, \\ y_\lambda^-(0) = (y_0)_\lambda^- = \lambda - 1, \\ y_\lambda^+(0) = (y_0)_\lambda^+ = 1 - \lambda, \end{cases}$$

解得

$$y_\lambda^-(t) = (\lambda - 1)\left\{\left(1 - \frac{1}{2}\right)\left[\sinh\left(t^2\right) + \cosh\left(t^2\right) - 1\right]\right\}\left(\cosh t^2 - \sinh t^2\right),$$

$$y_\lambda^+(t) = (1 - \lambda)\left\{\left(1 - \frac{1}{2}\right)\left[\sinh\left(t^2\right) + \cosh\left(t^2\right) - 1\right]\right\}\left(\cosh t^2 - \sinh t^2\right),$$

当 $0 \leqslant t \leqslant \sqrt{\ln 3}$ 时，$y_0 !\left[\int_0^t s \cdot y_0 \sinh\left(s^2\right) - s \cdot y_0 \cosh\left(s^2\right)\right]\mathrm{d}s$ 存在

则上述方程的解为

$$y(t) = \left[1 - \frac{1}{2}\left(\sinh t^2 + \cosh t^2 - 1\right)\right]\left(\cosh t^2 - \sinh t^2\right)y_0 = \frac{1}{2}\left(3\mathrm{e}^{-t^2} - 1\right),$$

当 $t \geqslant \sqrt{\ln 3}$ 时，$y_0 !\left[\int_0^t s \cdot y_0 \sinh\left(s^2\right) - s \cdot y_0 \cosh\left(s^2\right)\right]\mathrm{d}s$ 不存在，所以上

式的解不存在.

5.2 模糊值函数的 R-S 积分和广义 g-Hukuhara 微分

本节我们借助于区间值函数 (RS) 积分的性质，给出了模糊值函数
Riemann-Stieltjes 积分的概念，并讨论了其性质；其次，定义了模糊值函数
关于实值增函数 $g(x)$ 的广义 Hukuhara 微分，并研究了模糊 Riemann-Stieltjes
积分的原函数性质.

定义 5.2.1　设 $\overline{F}: [a, b] \to I_R$ 为有界区间值函数，g 为 $[a, b]$ 上的实值增
函数且 $\overline{I} \in I_R$. 若对任意的 $\varepsilon > 0$，存在 $\delta(\varepsilon) > 0$，使得对 $[a, b]$ 上的任意分划

$T: a = x_0 < x_1 < \cdots < x_n = b$ 和任意 $\xi_i \in [x_{i-1}, x_i], (i = 1, 2, \cdots, n)$，当

$|T| < \delta(\varepsilon)$，有 $d(\bar{I}, S_T) < \varepsilon$.其中 $|T| = \max\limits_{1 \leqslant i \leqslant n} |x_i - x_{i-1}|$，

$S_T = \sum \overline{F}(\xi_i)\big(g(x_i) - g(x_{i-1})\big)$.则称 $(\overline{F}, g)$ 是 Riemann-Stieltjes 可积的，记

作 $(\overline{F}, g) \in IRS[a, b]$，且 $\bar{I} = \int_a^b \overline{F} \mathrm{d}g$.

若 $\overline{F}(x) = F^-(x) = F^+(x), \forall x \in [a, b]$，则定义 5.2.1 退化为实值 Riemann-Stieltjes 积分.

引理 5.2.1 设 $\overline{F}: [a, b] \to I_R$ 为有界区间值函数，g 为 $[a, b]$ 上的实值增函数.$\left(\overline{F}, g\right) \in IRS[a, b]$，当且仅当 (F^-, g) 和 (F^+, g) 在 $[a, b]$ 上 RS 可积的，且

$$(IRS)\int_a^b \overline{F} \mathrm{d}g = [(RS)\int_a^b F^- \mathrm{d}g, (RS)\int_a^b F^+ \mathrm{d}g].$$

引理 5.2.2 设 $F: [a, b] \to R_F$ 是模糊值函数，若对任意 $\lambda \in [0, 1]$，有 $F_\lambda \in IRS[a, b]$，则存在模糊数 $A \in R_F$，满足 $A_\lambda = [(RS)\int_a^b F_\lambda^- \mathrm{d}g, (RS)\int_a^b F_\lambda^+ \mathrm{d}g]$.

证明 由 $F_\lambda \in IRS[a, b]$，只需证明 $[(RS)\int_a^b F_\lambda^- \mathrm{d}g, (RS)\int_a^b F_\lambda^+ \mathrm{d}g]$ 满足引理 5.2.1 即可.

（1）对任意 $\lambda \in [0, 1]$，$F_\lambda(x) = [F_\lambda^-(x), F_\lambda^+(x)]$，根据 Riemann-Stieltjes 积分的单调性，可得 $(RS)\int_a^b F_\lambda^-(x) \mathrm{d}g \leqslant (RS)\int_a^b F_\lambda^-(x) \mathrm{d}g$，也即

$[(RS)\int_a^b F_\lambda^- \mathrm{d}g, (RS)\int_a^b F_\lambda^+ \mathrm{d}g]$ 是有界闭区间；

（2）若 $0 \leqslant \lambda_1 \leqslant \lambda_2 \leqslant 1$，则 $F_{\lambda_1}(x) \supset F_{\lambda_2}(x)$，即 $F_{\lambda_1}^- \leqslant F_{\lambda_2}^-$，$F_{\lambda_1}^+ \geqslant F_{\lambda_2}^+$ 根据(RS)积分单调性有

$$(RS)\int_a^b F_{\lambda_1}^-(x)\mathrm{d}g \leqslant (RS)\int_a^b F_{\lambda_2}^-(x)\mathrm{d}g，\quad (RS)\int_a^b F_{\lambda_1}^+(x)\mathrm{d}g \geqslant (RS)\int_a^b F_{\lambda_2}^+(x)\mathrm{d}g，$$

因此，$(RS)\int_a^b F_{\lambda_1}(x)\mathrm{d}g \supset (RS)\int_a^b F_{\lambda_2}(x)\mathrm{d}g$.

（3）对任意 $\lambda_n \uparrow \lambda$，且 $\lambda_n \in [0,1]$，$\lambda \in [0,1]$，由于 $\bigcap_{n=1}^\infty F_{\lambda_n}(x) = F_\lambda(x)$，即

$$\bigcap_{n=1}^\infty [F_{\lambda_n}^-(x), F_{\lambda_n}^+(x)] = [F_\lambda^-(x), F_\lambda^+(x)]$$

可得，$\lim_{n\to\infty} F_{\lambda_n}^-(x) = F_\lambda^-(x), \lim_{n\to\infty} F_{\lambda_n}^+(x) = F_\lambda^+(x)$. 注意到 $F_{\lambda_1}^- \leqslant F_{\lambda_n}^- \leqslant F_{\lambda_n}^+ \leqslant F_{\lambda_1}^+$，由实值函数单调收敛定理，可得 F_λ^-, F_λ^+ 是 Riemann-Stieltjes 可积的，且

$$\bigcap_{n=1}^\infty [(RS)\int_a^b F_\lambda^- \mathrm{d}g, (RS)\int_a^b F_\lambda^+ \mathrm{d}g]$$
$$= [\lim_{n\to\infty}(RS)\int_a^b F_\lambda^- \mathrm{d}g, \lim_{n\to\infty}(RS)\int_a^b F_\lambda^+ \mathrm{d}g]，$$
$$= [(RS)\int_a^b F_\lambda^- \mathrm{d}g, (RS)\int_a^b F_\lambda^+ \mathrm{d}g]$$

结论得证.

定义 5.2.2　设 $F: [a,b] \to R_F$ 是模糊值函数，$g(x)$ 是实值增函数，若 $F_\lambda \in IRS[a,b]$ 对任意 $\lambda \in [0,1]$ 成立，则称 $F(x)$ 在 $[a,b]$ 模糊 Riemann-Stieltjes 可积，记为

$$(FRS)\int_a^b F\mathrm{d}g = \bigcup_{\lambda \in (0,1]} \lambda \cdot (IRS)\int_a^b F_\lambda \mathrm{d}g$$
$$= \bigcup_{\lambda \in (0,1]} \lambda [(RS)\int_a^b F_\lambda^- \mathrm{d}g, (RS)\int_a^b F_\lambda^+ \mathrm{d}g]$$

简称记 (FRS) 可积的，记作 $(F,g) \in (FRS)[a,b]$.

定理 5.2.1　若 $F(x)$ 是模糊值函数，$g(x)$ 是实值增函数，则下列结论等

价:

(i) $(F,g) \in (FRS)[a,b]$ ，且 $(FRS) = \int_a^b F\mathrm{d}g \in R_F$ ；

(ii) 对任意 $\lambda \in [0,1]$ ，$F_\lambda \in IRS[a,b]$ ，且

$$[(FRS)\int_a^b F\mathrm{d}g]_\lambda = [(RS)\int_a^b F_\lambda^- \mathrm{d}g, (x)(RS)\int_a^b F_\lambda^+ \mathrm{d}g].$$

证明　由引理 5.2.1 和定义 5.2.2 上式显然成立.

定理 5.2.2　若 $(F,g) \in (FRS)[a,b]$ ，$(G,g) \in (FRS)[a,b]$ ，则

(i)　对任意 $k \in R$ ，$(FRS)\int_a^b k \cdot F\mathrm{d}g = k \cdot (FRS)\int_a^b F\mathrm{d}g$ ；

(ii)　$(FRS)\int_a^b (F+G)\mathrm{d}g = (FRS)\int_a^c F\mathrm{d}g + (FRS)\int_a^c G\mathrm{d}g$ ；

(iii)　$(FRS)\int_a^b F\mathrm{d}g = (FRS)\int_a^c F\mathrm{d}g + (FRS)\int_a^c F\mathrm{d}g$.

定理 5.2.3　设 $(F,g) \in (FRS)[a,b]$ ，$(G,g) \in (FRS)[a,b]$ ，$g(x)$ 为实值增函数，若 $D(F(x),G(x))$ 是 Riemann-Stieltjes 可积，则

$$D[(FRS)\int_a^b F\mathrm{d}g, (FRS)\int_a^b G\mathrm{d}g] \leqslant (RS)\int_a^b D[F(x),G(x)]\mathrm{d}g.$$

证明　$D[(FRS)\int_a^b F(x)\mathrm{d}g, (FRS)\int_a^b G(x)\mathrm{d}g]$

$= \sup_{\lambda \in [0,1]} \max \left\{ \left| (RS)\int_a^b [F_\lambda^-(x) - G_\lambda^-(x)]\mathrm{d}g \right|, \left| (RS)\int_a^b [F_\lambda^+(x) - G_\lambda^+(x)]\mathrm{d}g \right| \right\}$

$\leqslant \sup_{\lambda \in [0,1]} \max \left\{ (RS)\int_a^b \left| F_\lambda^-(x) - G_\lambda^-(x) \right| \mathrm{d}g, (RS)\int_a^b \left| F_\lambda^+(x) - G_\lambda^+(x) \right| \mathrm{d}g \right\}$

$$\leqslant (RS)\int_a^b \sup_{\lambda\in[0,1]}\max\left\{\left|F_\lambda^-(x)-G_\lambda^-(x)\right|,\left|F_\lambda^+(x)-G_\lambda^+(x)\right|\right\}\mathrm{d}g$$

$$=(RS)\int_a^b D[F(x),G(x)]\mathrm{d}g\,.$$

定义 5.2.3　设 $F(x)$ 为模糊值函数，$g(x)$ 是实值增函数，$F(x)$ 在 $x_0\in[a,b]$ 处 $g-H_1$

可导是指：　存在 $F'(x)\in R_F$，满足

$$\lim_{h\to 0^+}\frac{F(x_0+h)!\,F(x_0)}{g(x_0+h)-g(x_0)}=\lim_{h\to 0^+}\frac{F(x_0)!\,F(x_0-h)}{g(x_0)-g(x_0-h)}=F'(x_0)\,,$$

其中 $F(x_0+h)!\,F(x_0),F(x_0)!\,F(x_0-h)$ 是 H 差.

定义 5.2.4　设 $F(x)$ 为模糊值函数，$g(x)$ 是实值增函数，$F(x)$ 在 $x_0\in[a,b]$ 处 $g-H_2$ 可导是指：　存在 $F'(x)\in R_F$，满足

$$\lim_{h\to 0^-}\frac{F(x_0+h)!\,F(x_0)}{g(x_0+h)-g(x_0)}=\lim_{h\to 0^-}\frac{F(x_0)!\,F(x_0-h)}{g(x_0)-g(x_0-h)}=F'(x_0)\,,$$

其中 $F(x_0+h)!\,F(x_0),F(x_0)!\,F(x_0-h)$ 是 H 差.

定理 5.2.4　设 $F(x)$ 是模糊值函数，$g(x)$ 为实值增函数，则

(i)　若 $F(x)$ 是 $g-H_1$ 可导的，则对任意 $\lambda\in[0,1]$，F_λ^-,F_λ^+ 是可导的，且 $[F'(x)]_\lambda=[(F_\lambda^-)'(x),(F_\lambda^+)'(x)]$；

(ii)　若 $F(x)$ 是 $g-H_2$ 可导的，则对任意 $\lambda\in[0,1]$，F_λ^-,F_λ^+ 是可导的，且 $[F'(x)]_\lambda=[(F_\lambda^+)'(x),(F_\lambda^-)'(x)]$.

证明　只证 (ii) 式，(i) 式的证明与 (ii) 类似.

由 H 差的定义，当 $F(x_0+h)!\,F(x_0),F(x_0)!\,F(x_0-h)$ 存在时，对 $h>0$，可得

$$\frac{[F(x_0+h)!\,F(x_0)]_\lambda}{g(x_0+h)-g(x_0)}=\frac{[F_\lambda^-(x_0+h)-F_\lambda^-(x_0),F_\lambda^+(x_0+h)-F_\lambda^+(x_0)]}{g(x_0+h)-g(x_0)}$$

$$= \left[\frac{F_\lambda^+(x_0+h)-F_\lambda^+(x_0)}{g(x_0+h)-g(x_0)}, \frac{F_\lambda^-(x_0+h)-F_\lambda^-(x_0)}{g(x_0+h)-g(x_0)} \right],$$

再由定义 5.2.4, $\displaystyle\lim_{h\to0^-}\frac{F(x_0+h)\,!\,F(x_0)}{g(x_0+h)-g(x_0)}=F'(x_0)$ 存在, 即

$$D\left(\frac{F(x_0+h)\,!\,F(x_0)}{g(x_0+h)-g(x_0)}, F'(x_0) \right) < \varepsilon,$$

其中

$$D\left(\frac{F(x_0+h)\,!\,F(x_0)}{g(x_0+h)-g(x_0)}, F'(x_0) \right)$$

$$= \sup_{\lambda\in[0,1]}\max\left\{ \left| \frac{F_\lambda^+(x_0+h)-F_\lambda^+(x_0)}{g(x_0+h)-g(x_0)}-[F'(x_0)]_\lambda^- \right|, \left| \frac{F_\lambda^-(x_0+h)-F_\lambda^-(x_0)}{g(x_0+h)-g(x_0)}-[F'(x_0)]_\lambda^+ \right| \right\}$$

$$< \varepsilon,$$

有

$$\left| \frac{F_\lambda^+(x_0+h)-F_\lambda^+(x_0)}{g(x_0+h)-g(x_0)}-[F'(x_0)]_\lambda^- \right| < \varepsilon,$$

$$\left| \frac{F_\lambda^-(x_0+h)-F_\lambda^-(x_0)}{g(x_0+h)-g(x_0)}-[F'(x_0)]_\lambda^+ \right| < \varepsilon,$$

同理可证,

$$\left| \frac{F_\lambda^+(x_0)-F_\lambda^+(x_0-h)}{g(x_0)-g(x_0-h)}-[F'(x_0)]_\lambda^- \right| < \varepsilon,$$

$$\left| \frac{F_\lambda^-(x_0)-F_\lambda^-(x_0-h)}{g(x_0)-g(x_0-h)}-[F'(x_0)]_\lambda^+ \right| < \varepsilon,$$

结论得证.

定理 5.2.5 若模糊值函数 $F(x)$ 在 $[a,b]$ 上连续, $g(x)$ 为实值增函数,

则 $G(x)$ 是 $g-H_1$ 可导的，且 $G'(x)=F(x)$，其中 $G(x)=(FRS)\int_a^x Fdg$.

证明　由 $F(x)$ 是连续的模糊值函数，可知 $(FRS)\int_a^b Fdg$ 存在，且对任意给定 $x_0\in[a,b]$，有 $D[F(x),F(x_0)]$ 是可积的，$D[F(x),F(x_0)]\leqslant\varepsilon$，

$$D\left(\frac{G(x_0+h)\,!\,G(x_0)}{g(x_0+h)-g(x_0)},F(x_0)\right)$$

$$=D\left(\frac{(FRS)\int_a^{x_0+h}Fdg-(FRS)\int_a^{x_0}Fdg}{g(x_0+h)-g(x_0)},F(x_0)\right)$$

$$=\frac{1}{g(x_0+h)-g(x_0)}D\left((FRS)\int_{x_0}^{x_0+h}Fdg,(FRS)\int_{x_0}^{x_0+h}F(x_0)dg\right)$$

$$\leqslant\frac{1}{g(x_0+h)-g(x_0)}(FRS)\int_{x_0}^{x_0+h}D[F(t),F(t_0)]dg$$

$$<\varepsilon$$

类似可得，

$$D\left(\frac{G(x_0)\,!\,G(x_0-h)}{g(x_0)-g(x_0-h)},F(x_0)\right)<\varepsilon$$

结论得证.

定理 5.2.6　设 $F(x)$ 是定义在 $[a,b]$ 上可导的模糊值函数，满足 $F'(x)$ 是 $[a,b]$ 连续函数，$g(x)$ 是实值增函数，则对任意 $t\in[a,b]$，以下事实成立

(i)　若 $F(x)$ 是 $g-H_1$ 可导，则 $F(t)=F(a)\,!\,(FRS)\int_a^t F'(x)dg$；

(ii)　若 $F(x)$ 是 $g-H_2$ 可导，则 $F(t)=F(a)\,!\,(FRS)\int_a^t -F'(x)dg$.

证明　只证 (ii) 式, (i) 式的证明与 (ii) 类似.

因为 $F(x)$ 是 $g-H_2$ 可导, 由定理 5.2.4 可得

$$[F'(x)]_\lambda = [(F_\lambda^+)'(x), (F_\lambda^-)'(x)] ,$$

$$[F(a)!(FRS)\int_a^t - F'(x)dg]_\lambda$$

$$= [F_\lambda^-(a), F_\lambda^+(a)]![(RS)\int_a^t (F_\lambda^-)'(x)dg, (RS)\int_a^t - (F_\lambda^+)'(x)dg]_\lambda$$

$$= [F_\lambda^-(a) + (RS)\int_a^t (F_\lambda^-)'(x)dg, F_\lambda^+(a) + (RS)\int_a^t (F_\lambda^+)'(x)dg]$$

$$= [F_\lambda^-(t), F_\lambda^+(t)]$$
$$= [F(t)]_\lambda$$

结论得证.

定理 5.2.7　设 $F(x): [a,b] \to R_F$ 是连续的模糊值函数, 则当实值函数 $g(x)$ 的导函数 $g'(x)$ 在 $[a,b]$ 上 (R) 可积时, 有

$$(FRS)\int_a^b F(x)dg = (FRS)\int_a^b F(x) \cdot g'(x)dx ,$$

其中 (FR) 可积是模糊 Riemann 积分.

证明　因为 $F(x)$ 是连续的模糊值函数, 知 $(F,g) \in (FRS)[a,b]$; 另一方面, 由于 $g'(x)$ 在 (R) 可积, 故 $g'(x)$ 在 $[a,b]$ 上几乎处处连续、有界、且非负, 所以 $F(x) \cdot g'(x) \in (FRS)[a,b]$, 由定理 5.2.1 可得

$$[(FRS)\int_a^b F(x)dg]_\lambda = [(RS)\int_c^b F_\lambda^-(x)dg, (RS)\int_a^b \int_c^b F_\lambda^+(x)dg]$$

$$= [(R)\int_c^b F_\lambda^-(x) \cdot g'(x)dx, (R)\int_a^b \int_c^b F_\lambda^+(x) \cdot g'(x)dx]$$

$$= \left[(FR) \int_c^b F(x) \cdot g'(x) \mathrm{d}x \right]_\lambda \ .$$

5.3 模糊分数阶微分方程

本节首先给出了模糊值 Riemann-Liouville 分数阶积分的定义，讨论了其性质.其次，借助于广义模糊微分研究了模糊值 Caputo 分数阶微分，给出了其存在的充分条件，并讨论了模糊值 Caputo 分数阶微分和模糊值 Riemann-Liouville 分数阶积分之间的关系.最后，利用逐步逼近法讨论了模糊值 Caputo 分数阶微分方程解的存在性和唯一性.

定义 5.3.1　设 $f:[a,b] \to E$ 是模糊值函数，若对任意 $r \in [0,1]$，$t \to d([f(t)]^r)$ 是单调单调函数，则称 f 是 $d-$ 单调函数.同理若 $t \to d([f(t)]^r)$ 是单调递增的实值函数，称 f 是 $d-$ 单调递增函数，若 $t \to d([f(t)]^r)$ 是单调递减的实值函数，称 f 是 $d-$ 单调递减函数.

引理 5.3.1　设 $f:[a,b] \to E$ 是 $d-$ 单调函数，$\gamma \in E$. 若 $g(t) = \gamma \,!\,_{gH} f(t)$，$t \in [a,b]$，则以下事实成立:

（1）若 $d\{[f(t)]^r\} \leqslant d\{[(\gamma)]^r\}$，$r \in [0,1]$，对任意 $t \in [a,b]$ 成立，则 g 和 f 上具有相反的 $d-$ 单调性；

（2）若 $d\{[f(t)]^r\} \geqslant d\{[(\gamma)]^r\}$，$r \in [0,1]$，对任意 $t \in [a,b]$ 成立，则 g 和 f 上具有相同的 $d-$ 单调性.

证明　事实上若 $g(t) = \gamma \,!\, f(t)$，当且仅当 $d([g(t)]^r) = d([\gamma)]^r) - d([f(t)]^r)$，显然 g 和 f 上具有相反的 $d-$ 单调性；　若 $f(t) = \gamma + (-1)g(t)$，当且仅当 $d([g(t)]^r) = d([f(t)]^r) - d([\gamma)]^r)$，显然 g 和 f 上具有相同的 $d-$ 单调性.

引理 5.3.2　设 $f:[a,b] \to E$ 是 $d-$ 单调函数，若 $g(t) = f(t) \,!\,_{gH} f(a)$ 对任意 $t \in [a,b]$ 成立，则 g 是 $d-$ 单调递增函数.

定义 5.3.2　设 $f:[a,b] \to E$.将 f 的模糊 Riemann-Liouville 积分定义为:

$$(J_a^a f)(t) = \frac{1}{\Gamma(a)} \int_a^t (t-s)^{a-1} f(s) ds,$$

其中 $a \le t$, $0 \le a \le 1$.

定理 5.3.1 设模糊值函数 $f:[a,b] \to E$ 是模糊 Riemann-Liouville 可积, 则

$$[(J_a^\alpha f)(t)]^r = [(D_a^\alpha f^-)(t;r), (D_a^\alpha f^+)(t;r)].$$

证明 容易证明:

$$[(J_a^a f)(t)]^r = [\frac{1}{\Gamma(a)} \int_a^t (t-s)^{a-1} f_r^-(s) ds, \frac{1}{\Gamma(a)} \int_a^t (t-s)^{a-1} f_r^+(s) ds]$$

$$= [(D_a^\alpha f^-)(t;r), (D_a^\alpha f^+)(t;r)].$$

引理 5.3.3 设模糊值函数 $f:[a,b] \to E$ 满足 $f \in L([a,b],E)$, 且 $t \to d([f(t)]^r)$ 在 $[a,b]$ 上单调递增. 则 $\varphi_1(t)$ 和 $\varphi_2(t)$ 是单调递增的实值函数,

其中 $t \to \varphi_2(t) = \frac{1}{\Gamma(1-a)} \int_a^t (t-s)^{a-1} d([f(s)]^r) ds$,

$$t \to \varphi_2(t) = \frac{1}{\Gamma(1-a)} \int_a^t (t-s)^{a-1} d([f(s)]^r) ds.$$

证明 对任意 $t_1, t_2 \in [a,b]$, 有 $t_1 \le t_2$, 可得

$$\int_{t_1}^{t_2} (t_2-s)^{a-1} ds \ge \int_a^{t_1} [(t_1-s)^{-a} - (t_2-s)^{-a}] ds,$$

进一步有,

$$\frac{1}{\Gamma(1-a)} \int_{t_1}^{t_2} (t_2-s)^{-a} d[f(s)]^r ds$$

$$\ge \frac{1}{\Gamma(1-a)} \int_{t_1}^{t_2} [(t_2-s)^{-a} - (t-s)^{-a}] d([f(t_1)]^r) ds$$

$$\geqslant \frac{1}{\Gamma(1-a)} \int_a^{t_2} [(t_1-s)^{-a} - (t_2-s)^{-a}] \mathrm{d}([f(t_1)]^r) \mathrm{d}s$$

$$\geqslant \frac{1}{\Gamma(1-a)} \int_a^{t_2} [(t_1-s)^{-a} - (t_2-s)^{-a}] \mathrm{d}([f(s)]^r) \mathrm{d}s \ ,$$

所以，

$$\varphi_2(t_2) - \varphi_2(t_1) = \frac{1}{\Gamma(1-a)} \int_a^{t_2} (t_2-s)^{-a} \mathrm{d}([f(s)]^r) \mathrm{d}s - \frac{1}{\Gamma(1-a)} \int_a^{t_1} (t_1-s)^{-a} \mathrm{d}([f(s)]^r) \mathrm{d}s$$

$$= \frac{1}{\Gamma(1-a)} \int_a^{t_1} [(t_1-s)^{-a} - (t_2-s)^{-a}] \mathrm{d}([f(s)]^r) \mathrm{d}s + \frac{1}{\Gamma(1-a)} \int_{t_1}^{t_2} (t_2-s)^{-a} \mathrm{d}([f(s)]^r) \mathrm{d}s$$

$$\geqslant 0 \ ,$$

也即 $\varphi_2(t)$ 是单调递增.关于 $\varphi_1(t)$ 是单调递增的证明只需将上式中 β 换成 $1-\alpha$ 即可.

定义 5.3.3　设 $f:[a,b] \to E$.将 f 的模糊 Riemann-Liouville 微分定义为：

$$(^{RL}J_{a^+}^\alpha f)(t) = D_{gH} f_{1-\alpha}(t) \ ,$$

其中 $a \leqslant t$ ，$0 \leqslant a \leqslant 1$ ，$f_{1-a}(t) = \dfrac{1}{\Gamma(1-a)} \int_a^t (t-s)^{-a} f(s) \mathrm{d}s$.

定理 5.3.2　设 $f \in AC([a,b],E)$ ，则 $f_{1-\alpha} \in AC([a,b],E)$ ，而且

（1）　若 f 是 $d-$ 单调递增函数，则 $f_{1-\alpha}$ 是 $d-$ 单调递增函数，且

$$[(^{RL}J_a^\alpha f)(t)]^r = [(^{RL}D_a^\alpha f^-)(t;r), (^{RL}D_a^\alpha f^+)(t;r)] \ ;$$

（2）　若 f 是 $d-$ 单调递减函数，则 $f_{1-\alpha}$ 是 $d-$ 单调递减函数，且

$$[(^{RL}J_a^\alpha f)(t)]^r = [(^{RL}D_a^\alpha f^+)(t;r), (^{RL}D_a^\alpha f^-)(t;r)] \ .$$

定义 5.3.4　设 $f_{gH}^{(m)} \in (C[a,b],E) \bigcap (L[a,b],E)$.将 f 的模糊 gH-Caputo 微分：

$$({}^{C}_{gH}D^{a}_{*}f)(t) = J^{m-\alpha}_{a}[f^{m}_{gH}(t)] = \frac{1}{\Gamma(m-\alpha)}\int_{a}^{t}(t-s)^{m-a-1}(f^{(m)}_{gH})(s)\mathrm{d}s,$$

其中 $m-1 < \alpha \leqslant m, m \in N$

本文中我们考虑 f 是广义一阶可微的情况：

$$({}^{C}_{gH}D^{\alpha}_{*}f)(t) = J^{m-\alpha}_{a}[f^{'}_{gH}(t)] = \frac{1}{\Gamma(1-\alpha)}\int_{a}^{t}(t-s)^{-\alpha}(f^{'}_{gH})(s)\mathrm{d}s.$$

定理 5.3.3 设 $f^{'}_{gH} \in (C[a,b],E)\bigcap(L[a,b],E)$，且

$f(t;r) = [(f^{-})(t;r),(f^{+})(t;r)]$，$\forall 0 \leqslant r \leqslant 1$ 若 $(f^{-})(t;r)$ 和

$(f^{+})(t;r)$ 是 Caputo 可微，则 f 是模糊 gH-Caputo 可微，且

$({}^{C}_{gH}D^{\alpha}_{*}f)(x;r) = [\min\{({}^{C}D^{\alpha}_{*}f^{-})(t;r),({}^{C}D^{\alpha}_{*}f^{+})(t;r)\},\max\{({}^{C}D^{\alpha}_{*}f^{-})(t;r),({}^{C}D^{\alpha}_{*}f^{+})(t;$

证明 由于 $(f^{-})(t;r)$ 和 $(f^{+})(t;r)$ 是 Caputo 可微，可得 $(f^{-})(t;r)$ 和

$(f^{+})(t;r)$ 可微，则模糊值函数 f 是 gH 可微. 由模糊 gH-Caputo 微分的定义

可知，f 是模糊 gH-Caputo 可微. 进一步可得，

$({}^{C}_{gH}D^{a}_{*}f)(t;r)$

$= \frac{1}{\Gamma(1-a)}\int_{a}^{t}(t-s)^{-a}[\min\{(f^{-})'(s;r),(f^{+})'(s;r)\},\max\{(f^{-})'(s;r),(f^{+})'(s;r)\}]\mathrm{d}s$

$= [\frac{1}{\Gamma(1-a)}\min\{\int_{a}^{t}\frac{[(f^{-})'(s;r)}{(t-s)^{a}}\mathrm{d}t,\int_{a}^{t}\frac{[(f^{+})'(s;r)}{(t-s)^{a}}\mathrm{d}s\},\frac{1}{\Gamma(1-a)}$

$\max\{\int_{a}^{t}\frac{[(f^{-})'(s;r)}{(t-s)^{a}}\mathrm{d}t,\int_{a}^{t}\frac{[(f^{+})'(s;r)}{(t-s)^{a}}\mathrm{d}s\}]$

$= [\min\{({}^{C}D^{a}_{*}f^{-})(t;r),({}^{C}D^{a}_{*}f^{+})(t;r),\max\{({}^{C}D^{a}_{*}f^{-})(t;r),({}^{C}D^{a}_{*}f^{+})(t;r)\}$

定义 6.3.5 设 $f:[a,b] \to E$ 是模糊 gH-Caputo 可微.

若 $({}^{C}_{gH}D^{\alpha}_{*}f)(x;r) = [({}^{C}D^{\alpha}_{*}f^{-})(x;r),({}^{C}D^{\alpha}_{*}f^{+})(x;r)]$，则称 f 是模糊

gH$_1$-Caputo 可微；

若 $({}^{C}_{gH}D^{\alpha}_{*}f)(x;r) = [({}^{C}D^{\alpha}_{*}f^{+})(x;r),({}^{C}D^{\alpha}_{*}f^{-})(x;r)]$，则称 f 是模糊

gH$_2$-Caputo 可微；

定理 5.3.4 设 $f:[a,b] \to E$ 是模糊值函数.

（1）若 f 是 (i) − 可微，则 f 是模糊 gH_1-Caputo 可微，且

$$(J_{a^+}^\alpha \, {}_{gH}^C D_{a^+}^\alpha f)(t) = f(t) \, ! \, f(a) \, ;$$

（2）若 f 是 (ii) − 可微，则 f 是模糊 gH_2-Caputo 可微，且

$$(J_{a^+}^a \, {}_{gH}^C D_{a^+}^a f)(t) = -\{f(a) ! [-f(t)]\}.$$

证明 不失一般性，只证（2）式. 由 f 是 (ii) − 可微，得 $f'(t;r) = [(f^+)'(t;r), (f^-)'(t;r)]$，而且

$$({}_{gH}^C D_*^\alpha f)(t;r) = J_a^{1-\alpha}\{[(f^+)(t;r),(f^-)(t;r)]\}$$

$$= \frac{1}{\Gamma(1-a)} \int_a^t \frac{[(f^+)'(t;r),(f^-)'(t;r)]}{(x-t)^a} \, \mathrm{d}s$$

$$= [\frac{1}{\Gamma(1-\alpha)} \int_a^t \frac{[(f^+)'(t;r)}{(t-s)^a} \, \mathrm{d}s, \frac{1}{\Gamma(1-a)} \int_a^t \frac{[(f^-)'(t;r)}{(t-s)^a} \, \mathrm{d}s]$$

$$= [f^+(t) - f^+(a), f^-(t) - f^-(a)]$$

例 5.3.1（1）设 $f:[a,b] \to E$ 是模糊常数，$f(x) = c \in E$，任意 $x \in [a,b]$，则 $f'_{gH}(x) = 0$，则 $({}_{gH}^C D_*^\alpha f)(x) = \frac{1}{\Gamma(1-a)} \int_a^x \frac{0}{(x-t)^\alpha} \, \mathrm{d}t = 0$.

（2）设 $f:[a,b] \to E$ 是模糊值函数，$f(x) = c \odot x^\beta, c \in E, \beta \in N$，则 $f'_{gH}(x) = c \odot \beta x^{\beta-1}$，则

$$({}_{gH}^C D_*^\alpha f)(x) = \frac{1}{\Gamma(1-a)} \int_a^x \frac{c \odot \beta x^{\beta-1}}{(x-t)^a} \, \mathrm{d}t = c \odot \frac{1}{\Gamma(1-\alpha)} \int_a^x \frac{\beta x^{\beta-1}}{(x-t)^a} \, \mathrm{d}t = c \odot D_*^\alpha x^\beta$$

下面我们讨论基于模糊 Caputo 微分的模糊分数阶微分方程：

$$\begin{cases} ({}_{gH}^C D_a^\beta y)(x) = f[x, y(x)], \\ y(a) = y_0 \in E, a \ge 0 .(*) \end{cases}$$

引理 5.3.4 设 $0 < \beta < 1$，$a \in R$，则模糊分数阶微分方程(*)式等价于如下积分方程：

$$y(x) = y(a) + \frac{-1}{\Gamma(\beta)}\int_a^x (x-t)^{\beta-1} f[t, y(t)]\mathrm{d}t, x \in [a,b] ,$$

其中 y 是模糊 gH$_1$-Caputo 可微；

$$y(x) = y(a)! \frac{-1}{\Gamma(\beta)}\int_a^x (x-t)^{\beta-1} f[t, y(t)]\mathrm{d}t, x \in [a,b] ,$$

其中 y 是模糊 gH$_2$-Caputo 可微.

定理 5.3.5 设 $0 < \beta < 1$，$a \in R$，则模糊分数阶微分方程(*)式等价于如下积分方程：

$$y(x)!_{gH}\, y(a) = \frac{1}{\Gamma(\beta)}\int_a^x (x-t)^{\beta-1} f[t, y(t)]\mathrm{d}t, x \in [a,b] .$$

如果 $y(x)$ 和 $\tilde{y}(x)$ 都是(*)式的解，且 $y(x)$ 模糊 gH$_1$-Caputo 可微，$\tilde{y}(x)$ 模糊 gH$_2$-Caputo 可微，则

$$y(x) = y(a) \frac{1}{\Gamma(\alpha)}\int_a^x (x-t)^{1-\alpha} f[t, y(t)]\mathrm{d}t, x \in [a,b] ,$$

$$\tilde{y}(x) = y(a)! \frac{-1}{\Gamma(a)}\int_a^x (x-t)^{1-\alpha} f[t, \tilde{y}(t)]\mathrm{d}t, x \in [a,b] .$$

定理 5.3.6 假设如下条件成立：

（1）设 $f : R_0 \to E$ 是连续的模糊值函数且 $d(f(x,y), 0) \leqslant M$，$(x,y) \in R_0$，其中 $R_0 = [x_0, x_0 + p] \times \overline{B}(y_0, p), p, q > 0$，$\overline{B}(y_0, p) = \{y \in E : \mathrm{d}(y, y_0)\} \leqslant q\}$；

（2）设 $g : [x_0, x_0 + p] \times [0, q] \to E$ 满足 $g(x, 0) = 0$，$0 \leqslant g(x, u) \leqslant M_1$ 且 g 关于变量 u 单调非降.若 g 满足 $({}_{gH}^{C}D_a^{\beta}u)(x) = g(x, u(x))$，$u(x_0) = 0$ 当且仅当 $u(x) = 0$；

（3）对任意 $(x, y), (x, z) \in R_0, x_1, x_2, s \in [x_0, x_0 + p]$ 有 $d(y, z) \leqslant q$，且
$$d[(x_1 - s)^{\beta-1} f(x, y)(x_2 - s)^{\beta-1} f(x, z)]$$

$$\leqslant \left| (x_1-s)^{\beta-1} - (x_2-s)^{\beta-1} \right| \cdot g[x, \mathrm{d}(x,z)]$$

（4）存在函数序列 $\tilde{y}_n : [x_0, x_0+d] \to E$，满足

$$\tilde{y}_{n+1}(x) = y_0 ! \frac{-1}{\Gamma(\beta)} \int_{x_0}^{x} (x-t)^{\beta-1} f[t, \tilde{y}_n(t)] \mathrm{d}t, \tilde{y}_0(x) = y_0;$$

则(*)式存在两个解 $y, \tilde{y} : [x_0, x_0+r] \to B(y_0, q)$，

$$r = \min\{p, (\frac{q\Gamma(\beta+1)}{M})^{\frac{1}{\beta}}, (\frac{q\Gamma(\beta+1)}{M_1})^{\frac{1}{\beta}}, d\}$$

分别是 gH₁-Caputo 可微和 gH₂-Caputo 可微, 且 $y_{n+1}(x) \to y(x)$, $\tilde{y}_{n+1}(x) \to \tilde{y}(x)$,

$$y_{n+1}(x) = y(x_0) + \frac{1}{\Gamma(\beta)} \int_{x_0}^{x} (x-t)^{\beta-1} f[t, y_n(t)] \mathrm{d}t, y_0(x) = y_0, 0 < \beta \leqslant 1,$$

$$\tilde{y}_{n-1}(x) = y_0 ! \frac{1}{\Gamma(\beta)} \int_{x_0}^{x} (x-t)^{\beta-1} f[t, \tilde{y}_n(t)] \mathrm{d}t, \tilde{y}_0(x) = y_0, 0 < \beta \leqslant 1.$$

证明　不失一般性, 我们只证明 $y(x)$ 模糊 gH₁-Caputo 可微的情况.

任取 $x_0 \leqslant x_1 \leqslant x_2 \leqslant x_0 + r$, 当 $|x_1 - x_2| < \delta$, $\mathrm{d}[y_n(x_1), y_n(x_2)] < \frac{\varepsilon}{2}$ 有

$\mathrm{d}[y_n(x_1), y_n(x_2)]$

$$\leqslant \mathrm{d}[y_0(x_1), y_0(x_2)] \frac{1}{\Gamma(\beta)} \int_{x_0}^{x_1} \mathrm{d}[(x_1-s)^{\beta-1} f\{s, y_{n-1}(s)], (x_2-s)^{\beta-1} f[s, y_{n-1}(s)]\} \mathrm{d}s$$

$$+ \frac{1}{\Gamma(\beta)} \int_{x_0}^{x_1} \mathrm{d}\{0, (x_2-s)^{\beta-1} f[s, y_{n-1}(s)]\} \mathrm{d}s$$

$$\leqslant \mathrm{d}[y_0(x_1), y_0(x_2)] \frac{M_2}{\Gamma(\beta+1)} \left(\left| x_1 - x_2 \right|^{\beta} - \left| x_1^{\beta} - x_2^{\beta} \right| \right) + \frac{M_2}{\Gamma(\beta+1)} \left(\left| x_1 - x_2 \right|^{\beta} \right)$$

$$\leqslant \mathrm{d}[y_0(x_1), y_0(x_2)] \frac{M_2}{\Gamma(\beta+1)} \left(2 \left| x_1 - x_2 \right|^{\beta} - \left| x_1^{\beta} - x_2^{\beta} \right| \right)$$

$$\leqslant \mathrm{d}[y_0(x_1),y_0(x_2)]\frac{2M_2}{\Gamma(\beta+1)}|x_1-x_2|^{\beta}$$

$$\leqslant \varepsilon$$

其中 $M_2=\max\{M,M_1\}$ ， $\delta=(\frac{\varepsilon\Gamma(\beta+1)}{4M_2})^{\frac{1}{\beta}}$ ，也即 $y_n(x)$ 是连续的模糊值函数.进一步可得：

$$\mathrm{d}[u_n(x),y_0(x)]\leqslant \frac{1}{\Gamma(\beta)}\int_{x_0}^{x}(x-s)^{\beta-1}\mathrm{d}\{0,f[s,y_{n-1}(s)]\}\mathrm{d}s$$

$$\leqslant \frac{M_2(x-x_0)^{\beta}}{\Gamma(\beta+1)}\leqslant \frac{M_2r^{\beta}}{\Gamma(\beta+1)}\leqslant q ,$$

也即对任意 $n=0,1,2,\cdots$ 有 $\mathrm{d}[y_{n+1}(x),y_0(x)]\leqslant q$ ， $\forall x\in[x_0,x_0+r]$ ，因此，

$$y_{n+1}\in C\{[x_0,x_0+r],B(x_0,q)\}.$$

定义如下序列：

$$u_0(x)=\frac{M_2(x-x_0)^{\beta}}{\Gamma(\beta+1)},x\in[x_0,x_0+r] ,$$

$$u_{n+1}(x)=\frac{1}{\Gamma(\beta)}\int_{x_0}^{x}(x-s)^{\beta-1}g[s,u_n(s)]\mathrm{d}s , \quad x\in[z_0,+z_0r] ,$$

可得

$$u_1(x)=\frac{1}{\Gamma(\beta)}\int_{x_0}^{x}(x-s)^{\beta-1}g[s,u_0(s)]\mathrm{d}s$$

$$\leqslant M_1(x-x_0)\leqslant u_0(x)\leqslant q,x\in[z_0,+z_0r].$$

由 u_n 的定义得 $0\leqslant u_{n+1}(x)\leqslant u_n(x)\leqslant q$ ，因此 $\sum u_n$ 收敛，进而有

$|(_{gH}^{C}D_a^{\beta}u_{n+1})(x)|=|g[x,u(x)]\leqslant M_1$.设 $\lim\limits_{n\to\infty}u_n(x)=u(x)$ ，则有

$$u_1(x) = \frac{1}{\Gamma(\beta)} \int_{x_0}^{x} (x-s)^{\beta-1} g[s, u(s)] \mathrm{d}s ,$$

也即 $u \in C\{[x_0, x_0 + r], B(0, q)\}$.

下面我们用数学归纳法来证明 $\{y_n(x)\}_{n=1}^{\infty}$ 是 Cauchy 列.

$$\mathrm{d}[y_1(x), y_2(x)]$$

$$= \frac{1}{\Gamma(\beta+1)} \mathrm{d}\{\int_{x_0}^{x} (x-s)^{\beta-1} f[s, y_0(s)] \mathrm{d}s, 0\}$$

$$\leqslant \frac{1}{\Gamma(\beta+1)} \int_{x_0}^{x} \mathrm{d}\{(x-s)^{\beta-1} f[s, y_0(s)], 0\} \mathrm{d}s$$

$$\leqslant = \frac{M_2 (x-x_0)^{\beta}}{\Gamma(\beta+1)} = u_0(x) .$$

假定 $\mathrm{d}(y_k(x), y_{k-1}(x)) \leqslant u_{k-1}(x)$ ，则由条件（3）可得：

$$\mathrm{d}[y_{k+1}(x), y_k(x)]$$

$$= \frac{1}{\Gamma(\beta)} \mathrm{d}(\int_{x_0}^{x} (x-s)^{\beta-1} f[s, y_k(s)] \mathrm{d}s, \int_{x_0}^{x} (x-s)^{\beta-1} f[s, y_{k-1}(s)] \mathrm{d}s)$$

$$\leqslant \frac{1}{\Gamma(\beta)} \int_{x_0}^{x} \mathrm{d}\{(x-s)^{\beta-1} f[s, y_k(s)], (x-s)^{\beta-1} f[s, y_{k-1}(s)]\} \mathrm{d}s$$

$$\leqslant \frac{1}{\Gamma(\beta)} \int_{x_0}^{x} (x-s)^{\beta-1} g\{s, \mathrm{d}[y_k(s), y_{k-1}(s)]\} \mathrm{d}s$$

$$\leqslant \frac{1}{\Gamma(\beta)} \int_{x_0}^{x} (x-s)^{\beta-1} g[s, u_{k-1}(s)] \mathrm{d}s$$

$$= u_k(s) ,$$

由数学归纳法可得 $\mathrm{d}[y_{n+1}(x), y_n(x)] \leqslant u_n(x)$ ，因此 $\mathrm{d}[y_{n+1}(x), y_n(x)] < \varepsilon$ ，进一步可得，

$$\mathrm{d}[({}_{gH}^{C} D_a^{\beta} y_n)(x), ({}_{gH}^{C} D_a^{\beta} y_m)(x)] = \mathrm{d}\{f[x, y_n(x)], f[x, y_{n-1}(x)]\}$$

$$\leqslant g\{x, \mathrm{d}[y_n(x), y_{n-1}(x)]\}$$

$$\leqslant g[x, u_{n-1}(x)] < \varepsilon$$

假定 $m \geqslant n$，同由上面证明一样，可得

$$({}_{gH}^{C}D_a^{\beta}m)(x) \leqslant {}_{gH}^{C}D_a^{\beta}\{\mathrm{d}[y_n(x), y_m(x)]\}$$

$$\leqslant \mathrm{d}[({}_{gH}^{C}D_a^{\beta}y_n)(x), ({}_{gH}^{C}D_a^{\beta}y_m)(x)]$$

$$\leqslant g[x, u_{n-1}(x)] + g[x, u_{m-1}(x)] + g\{x, \mathrm{d}[y_n(x), y_m(x)]\}$$

$$\leqslant 2g[x, u_{n-1}(x)] + g\{x, \mathrm{d}[y_n(x), y_m(x)]\} < \varepsilon,$$

由于 (E, d) 是完备度量空间，则 $y_n(x) \to y(x)$．下面我们证明唯一性，设 $w(x)$ 是(*)式的另一解，记

$m(x) = \mathrm{d}[y(x), w(x)]$，可得

$$({}_{gH}^{C}D_a^{\beta}m)(x) \leqslant \mathrm{d}[({}_{gH}^{C}D_a^{\beta}y)(x), ({}_{gH}^{C}D_a^{\beta}w)(x)]$$

$$\leqslant \mathrm{d}\{f[x, y(x)], f[x, w(x)]\}$$

$$\leqslant g[x, m(x)],$$

因此 $\mathrm{d}[y(x), w(x)] \leqslant u(x) = 0$，即 $y(x) = w(x)$，证毕.

定理 5.3.7 设 $f : R_0 \to E$ 是连续的模糊值函数且 $\mathrm{d}(f(x, y), 0) \leqslant M$，$(x, y) \in R_0$，其中 $R_0 = [x_0, x_0 + p] \times \overline{B}(y_0, p), p, q > 0$，$\overline{B}(y_0, p) = \{y \in E : \mathrm{d}(y, y_0) \leqslant q\}$；对任意 $(x, y), (x, z) \in R_0, x_1, x_2, s \in [x_0, x_0 + p]$ 有

$$\mathrm{d}[(x_1 - s)^{\beta-1} f(x, y), (x_2 - s)^{\beta-1} f(x, z)]$$

$$\leqslant \left|(x_1 - s)^{\beta-1} - (x_2 - s)^{\beta-1}\right| \cdot \mathrm{d}(y, z),$$

且 $\mathrm{d}(y, z) \leqslant q$；存在函数序列 $\tilde{y}_n : [x_0, x_0 + d] \to E$，满足

$$\tilde{y}_{n+1}(x) = y_0 ! \frac{-1}{\Gamma(\beta)} \int_{x_0}^{x} (x - t)^{\beta-1} f[t, \tilde{y}_n(t)] \mathrm{d}t, \tilde{y}_0(x) = y_0;$$

则(*)式存在两个解 $y, \tilde{y}$ 满足定理 2.6 中的条件，且 $y_{n+1}(x) \to y(x)$，

$\tilde{y}_{n+1}(x) \rightarrow \tilde{y}(x)$.

证明　只需令定理 2.6 中 $g(x,u) = Lu$ 即可.

第6章　基于结构元的模糊分数阶微积分

本章我们较系统的讨论了基于结构元的模糊值函数 Riemann-Stieltjes 积分、基于结构元的常系数一阶线性模糊微分方程、基于结构元的模糊值 Caputo 分数阶微分方程.

6.1 基于结构元的模糊值函数 Riemann–Stieltjes 积分

本节中我们定义和讨论了区间值函数关于实值增函数的 Riemann-Stieltjes 积分及其性质, 给出了区间值 Riemann-Stieltjes 可积的充分必要条件; 同时利用实值 Riemann-Stieltjes 积分的单调收敛定理给出了区间值 Riemann-Stieltjes 积分收敛的必要条件. 其次, 定义了模糊值函数 Riemann-Stieltjes 积分, 研究了基于结构元的模糊值函数 Riemann-Stieltjes 积分性质. 最后讨论了模糊 Riemann-Stieltjes 积分收敛的必要条件.

设 E 是实数域 R 上的模糊集, 隶属函数记为 $E(x)$ $(x \in R)$. 如果 $E(x)$ 满足:

（1）$E(0) = 1$, $E(1+0) = E(-1-0) = 0$;

（2）在区间 $[-1,0)$ 和 $(0,1]$ 上 $E(x)$ 分别是单调增右连续函数和单调降左连续函数;

（3）在区间 $(-\infty, -1)$ 或 $(1, +\infty)$ 上, $E(x) = 0$, 则称模糊集 E 为 R 上的模糊结构元. 显然, 模糊结构元 E 是 R 上的正则凸模糊集, 是有界闭模糊集.

定义 6.1.1　设 $\widetilde{A}$ 是有限模糊数, 若存在一个模糊结构元 E 和有限实数

$a \in R$, $r \in R^+$，使得 $\widetilde{A} = a + rE$，则称 $\widetilde{A}$ 是模糊结构元线性生成的模糊数. 由结构元 E 线性生成的模糊数全体记作 $R(E) = \{A \mid A = a + rE,$ $\forall a \in R, r \in R^+\}$.

设 $\widetilde{A} \in \widetilde{R}(E)$，则存在有限实数 $a \in R, r \in R^+$，使得 $\widetilde{A} = a + rE$.对任意 $\lambda \in [0,1]$，模糊结构元生成的模糊数有如下性质[13]：

（1）　$A_\lambda = a + rE_\lambda = [a + rE_\lambda^-, a + rE_\lambda^+]$.

（2）　对任意 $k \in R$，有 $k\widetilde{A} = k(a + rE) = ka + krE$.

（3）　若 $\widetilde{A}, \widetilde{B} \in \widetilde{R}(E)$，记 $\widetilde{A} = a + \alpha E, \widetilde{B} = b + \beta E$ $(\alpha > 0, \beta > 0)$，则
$$\widetilde{A} + \widetilde{B} = (a + b) + (\alpha + \beta)E.$$

设 X, Y 是两个实数集，$\widetilde{N}(Y)$ 是 Y 上的模糊数的全体，$\widetilde{f}$ 是 X 到 $\widetilde{N}(Y)$ 上映射，即对于任意 $x \in X$，存在唯一的模糊数 $\widetilde{y} \in \widetilde{N}(Y)$ 与之对应，记为 $\widetilde{y} = \widetilde{f}(x)$，则称 $\widetilde{f}(x)$ 为 X 上的模糊值函数.如果 E 是 $\widetilde{N}(Y)$ 上一个模糊结构元，则称 $\widetilde{f}(x) = h(x) + w(x)E$ 是 X 上的一个由 E 线性生成的模糊值函数，其中 $h(x)$、$w(x)$ 在 X 上有界，且 $w(x) \geq 0$.由 E 生成的有界模糊函数的全体记作
$$N(E_f) = \{\widetilde{f}(x) \mid \widetilde{f}(x) = h(x) + w(x)E, \forall x \in X, w(x) \geq 0\}.$$

本章中所有的 $\widetilde{f}(x) \in N(E_f)$，根据模糊结构元生成的模糊数的性质，有
$$\widetilde{f}(x) = \bigcup_{\lambda \in [0,1]} \lambda\left[h(x) + w(x)E_\lambda^-, h(x) + w(x)E_\lambda^+\right].$$

定理 6.1.1　设 $\widetilde{F}_1, \widetilde{F}_2$ 是由同一模糊结构元 E 生成的模糊值函数，记
$$\widetilde{F}_1(x) = h_1(x) + w_1(x)E, \quad \widetilde{F}_2(x) = h_2(x) + w_2(x)E$$
则
$$\widetilde{F}_1(x) + \widetilde{F}_2(x) = h_1(x) + h_2(x) + [w_1(x) + w_2(x)]E$$

证明　由于 $\widetilde{F}_1, \widetilde{F}_2$ 是由同一模糊结构元 E 生成的模糊值函数，而且
$$\widetilde{F}_1(x) = h_1(x) + w_1(x)E , \quad \widetilde{F}_2(x) = h_2(x) + w_2(x)E ,$$
从而有
$$\left(\widetilde{F}_1(x)\right)_\lambda = \left[h_1(x) + w_1(x)E_\lambda^-, h_1(x) + w_1(x)E_\lambda^+ \right] ,$$
和
$$\left(\widetilde{F}_2(x)\right)_\lambda = \left[h_2(x) + w_2(x)E_\lambda^-, h_2(x) + w_2(x)E_\lambda^+ \right] .$$

根据模糊数的运算可得
$$[\widetilde{F}_1(x) + \widetilde{F}_2(x)]_\lambda = [h_1(x) + h_2(x) + [w_1(x) + w_2(x)]E_\lambda^-, h_1(x) + h_2(x) + [w_1(x) + w_2(x)]E_\lambda^+]$$
结论得证.

设 $f(x), g(x)$ 是定义在 $[a, b]$ 上的实值函数. $f(x)$ 在区间 $[a, b]$ 关于 $g(x)$ 为 Riemann-Stieltjes 可积是指：对 $[a, b]$ 上的任意划分 $T: a = x_0 < x_1 < \cdots < x_n = b$ 和任意 $\xi_i \in [x_{i-1} - x_i], (i = 1, 2, \cdots, n)$，若存在常数 A，对任意 $\varepsilon > 0$，存在 $\delta(\varepsilon) > 0$，当 $|T| < \delta(\varepsilon)$，有
$$\left| \sum F(\xi_i)[g(x_i) - g(x_{i-1})] - A \right| < \varepsilon .$$

其中 $|T| = \max_{1 \leqslant i \leqslant n}(x_i - x_{i-1})$，记作 $(f, g) \in RS[a, b]$，且
$$\int_a^b f(x)\mathrm{d}g(x) = (RS)\int_a^b f\mathrm{d}g = A .$$

定义 6.1.2　记 $I_R = \left\{ I = [I^-, I^+] : [I^-, I^+] \subset R \right\}$，称 I_R 中的元素为区间数.关于区间数的运算有： $I_1 + I_2 = [I_1^- + I_2^-, \ I_1^+ + I_2^+]$； $I_1 \leqslant I_2 \Leftrightarrow I_1^- \leqslant I_2^-$, $I_1^+ \leqslant I_2^+$； $I_1 \cdot I_2 = \{ a \cdot b : a \in I_1, b \in I_2 \}$，其中
$$(I_1 \cdot I_2)^- = \min\{I_1^- \cdot I_2^-, I_1^- \cdot I_2^+, I_1^+ \cdot I_2^-, I_1^+ \cdot I_2^+\} ,$$

$$(I_1 \cdot I_2)^+ = \max\{I_1^- \cdot I_2^-, I_1^- \cdot I_2^+, I_1^+ \cdot I_2^-, I_1^+ \cdot I_2^+\}.$$

记 $\mathrm{d}(I_1, I_2) = \max(|I_1^- - I_2^-|, |I_1^+ - I_2^+|).$ 当 $\mathrm{d}(I_n, I) \to 0$ 时，称 $I_n \to I$.

定义 6.1.3　设 $F: [a, b] \to I_R$ 为有界区间值函数，g 为 $[a, b]$ 上的实值增函数且区间数 $I \in I_R$.若对任意的 $\varepsilon > 0$，存在 $\delta(\varepsilon) > 0$，使得对 $[a, b]$ 上的任意分划 $T: a = x_0 < x_1 < \cdots < x_n = b$ 和任意 $\xi_i \in [x_{i-1} - x_i], (i = 1, 2, \cdots, n)$，当 $|T| < \delta(\varepsilon)$，有 $\mathrm{d}(I, S_T) < \varepsilon$.其中 $|T| = \max\limits_{0 \leqslant i \leqslant n} |x_i - x_{i-1}|$，

$S_T = \sum F(\xi_i)[g(x_i) - g(x_{i-1})].$ 则称 (F, g) 是 Riemann-Stieltjes 可积的，记作 $(F, g) \in IRS[a, b]$，且 $I = \int_a^b F\mathrm{d}g.$

若 $F(x) = F^-(x) = F^+(x), \forall x \in [a, b]$，则上述定义将退化为实值 Riemann-Stieltjes 积分.易证 $(F, g) \in IRS[a, b]$，则积分值是唯一的.

定理 6.1.2　设 $F: [a, b] \to I_R$ 为有界区间值函数，g 为 $[a, b]$ 上的实值增函数.$(F, g) \in IRS[a, b]$ 当且仅当 (F^-, g) 和 (F^+, g) 在 $[a, b]$ 上 RS 可积的，且

$$(IRS)\int_a^b F\mathrm{d}g = [(RS)\int_c^b F^-\mathrm{d}g, (RS)\int_c^b F^+\mathrm{d}g].$$

证明　若 $F(x) \in IRS[a, b]$，则存在唯一的区间数 $I_0 = [I_0^-, I_0^+]$，对任意 $\varepsilon > 0$，存在 $\delta(\varepsilon) > 0$，对 $[a, b]$ 上任意划分 $T: a = x_0 < x_1 < \cdots < x_n = b$ 和 $\xi_i \in [x_{i-1} - x_i], (i = 1, 2, \cdots, n)$，当 $|T| < \delta(\varepsilon)$ 时，有
$$d\{\sum F(\xi_i)[g(x_i) - g(x_{i-1})], I_0\} < \varepsilon,$$
即
$$\max\left|\{\sum F(\xi_i)[g(x_i) - g(x_{i-1})]\}^- - I_0^-\right|,$$

$$\left| \left\{ \sum F(\xi_i)[g(x_i) - g(x_{i-1})]^+ \right\} - I_0^+ \right| < \varepsilon .$$

$$\max \left(\left| \left[\sum F(\xi_i)(g(x_i) - g(x_{i-1})) \right]^- - I_0^- \right|, \left| \left[\sum F(\xi_i)(g(x_i) - g(x_{i-1})) \right]^+ - I_0^+ \right| \right) < \varepsilon$$

有

$$\left| \sum F^+(\xi_i)[g(x_i) - g(x_{i-1})] - I_0^+ \right| < \varepsilon ,$$

$$\left| \sum F^+(\xi_i)[g(x_i) - g(x_{i-1})] - I_0^+ \right| < \varepsilon .$$

所以，(F^-, g)，$(F^+, g) \in (RS)[a, b]$，且

$$I_0^- = (RS) \int_a^b F^- \mathrm{d}g, \quad I_0^+ = (RS) \int_a^b F^+ \mathrm{d}g .$$

反之，由 $F^-(x) \in RS[a, b]$，则存在唯一的实数 I_0^-，对任意 $\varepsilon > 0$，存在 $\delta_1(\varepsilon) > 0$，对 $[a, b]$ 上的任意的分划 T，当 $|T| < \delta_1(\varepsilon)$ 时，有 $\left| \sum F^-(\xi_i)[g(x_i) - g(x_{i-1})] - I_0^- \right| < \varepsilon$. 同理可得，对任意 $\varepsilon > 0$，存在 $\delta_2(\varepsilon) > 0$，对 $[a, b]$ 上的任意的分划 T，当 $|T| < \delta_2(\varepsilon)$ 时，有

$$\left| \sum F^+(\xi_i)[g(x_i) - g(x_{i-1})] - I_0^+ \right| < \varepsilon .$$

由 $F^-(x) \leqslant F^+(x)$，根据积分性质可得 $I_0^- \leqslant I_0^+$. 令 $\delta(\varepsilon) = \min[\delta_1(\varepsilon), \delta_2(\varepsilon)]$，$I_0 = [I_0^-, I_0^+]$，易证 $\mathrm{d}\{\sum F(\xi_i)[g(x_i) - g(x_{i-1})], I_0\} < \varepsilon$，结论得证.

定理 6.1.3 若 $(F, g) \in IRS[a, b]$，$(G, g) \in IRS[a, b]$，对任意 $\alpha, \beta \in R$，$c \in R^+$，则下列事实成立:

（1）　$(IRS)\int_a^b Fd(cg)$，$(IRS)\int_a^b cFdg \in IRS[a,b]$且

$$(IRS)\int_a^b Fd(cg) = (IRS)\int_a^b cFdg = c(IRS)\int_a^b Fdg.$$

（2）　$(\alpha F + \beta G, g) \in IRS[a,b]$，且

$$(IRS)\int_a^c (aF + \beta G)dg = a(IRS)\int_c^b Fdg + \beta(IRS)\int_a^b Gdg.$$

（3）若$(F,g) \in IRS[a,c]$且$(F,g) \in IRS[c,b]$，则$(F,g) \in IRS[a,b]$，且

$$(IRS)\int_a^c Fdg + (IRS)\int_c^b Fdg = (IRS)\int_a^b Fdg.$$

定理 6.1.4　若$F_1(x) \leqslant F_2(x)$ $a.e.$ 于$[a,b]$，且$(F_1,g),(F_2,g) \in IRS[a,b]$，则

$$(IRS)\int_a^b F_1 dg \leqslant (IRS)\int_a^b F_2 dg.$$

定理 6.1.5　若$(F,g),(G,g) \in IRS[a,b]$，且$d(F,G)$是RS可积，则

$$d[(IRS)\int_a^b Fdg, (IRS)\int_a^b Gdg] \leqslant (RS)\int_a^b d(F,G)dg.$$

证明　$d[(IRS)\int_a^b Fdg,(IRS)\int_a^b Gdg]$

$$= \max\left\{\left|[(IRS)\int_a^b Fdg]^- - [(IRS)\int_a^b Gdg]^-\right|, \left|[(IRS)\int_a^b Fdg]^+ - [(IRS)\int_a^b Gdg]^+\right|\right\}$$

$$= \max\left[\left|(RS)\int_a^b (F^- - G^-)dg\right|, \left|(RS)\int_a^b (F^+ - G^+)dg\right|\right]$$

$$\leqslant \max\left[\left|(RS)\int_a^b (F^- - G^-)\mathrm{d}g\right|, \left|(RS)\int_a^b (F^+ - G^+)\mathrm{d}g\right|\right]$$

$$\leqslant (RS)\int_a^b \max\left(\left|F^- - G^-\right|, \left|F^+ - G^+\right|\right)\mathrm{d}g$$

$$= (RS)\int_a^b \mathrm{d}(F, G)\mathrm{d}g \,.$$

定理 6.1.6　设 $g(x)$ 为区间 $[a, b]$ 上的实值增函数，且

（1）　对任意 n，$(F_n, g) \in IRS[a, b]$，且 $F_n(x) \to F(x)$；

（2）　$F_1(x) \leqslant F_2(x) \leqslant \cdots \leqslant F_n(x) \leqslant \cdots$；

（3）　积分 $(IRS)\int_a^b F_n \mathrm{d}g$ 收敛；

则 $(F, g) \in IRS[a, b]$，且 $\lim\limits_{n \to \infty}(IRS)\int_a^b F_n \mathrm{d}g = (IRS)\int_a^b F \mathrm{d}g$.

定义 6.1.4　设 $\widetilde{F} \in N(E_f)$，g 为 $[a, b]$ 上实值增函数. 若对任意 $\lambda \in (0, 1]$，区间值函数 $F_\lambda(x) = [F_\lambda^-(x), F_\lambda^+(x)]$ 在 $[a, b]$ 上是 RS 可积的，则称 $\widetilde{F}(x)$ 在 $[a, b]$ 上是 RS 可积的，记此积分值为

$$(FRS)\int_a^b \widetilde{F}\mathrm{d}g = \bigcup_{\lambda \in (0,1]} \lambda\int_a^b F_\lambda(x)\mathrm{d}g = \bigcup_{\lambda \in (0,1]} \lambda\left[\int_a^b F_\lambda^-\mathrm{d}g, \int_a^b F_\lambda^+\mathrm{d}g\right], \text{ 简记为}$$

$\left(\widetilde{F}, g\right) \in FRS[a, b]$.

定理 6.1.7　设 $\widetilde{F} \in N(E_f)$，g 为 $[a, b]$ 上增实函数. 若 $(F, g) \in FRS[a, b]$，则 $[h(x), g]$ 和 $[w(x), g]$ 是 $[a, b]$ 上 RS 可积的，且存在唯一模糊数 $\widetilde{A} \in \widetilde{R}(E)$，使得 $(FRS)\int_a^b \widetilde{F}\mathrm{d}g = \widetilde{A}$.

证明　若 $\left(\widetilde{F}, g\right) \in FRS[a, b]$，由定义 7.1.4 有 $F_\lambda^-(x)$ 和 $F_\lambda^+(x)$ 是一致 RS 可积的. 首先证明 $[(RS)\int_a^b F_\lambda^-\mathrm{d}g, (RS)\int_a^b F_\lambda^+\mathrm{d}g]$ 确定唯一的模糊数.

（1） 对任意 $\lambda \in [0,1]$ ，由 $F_\lambda^-(x) = h(x) + w(x)E_\lambda^-$ ，
$F_\lambda^+(x) = h(x) + w(x)E_\lambda^+$ ，易知 $F_\lambda^-(x) \leqslant F_\lambda^+(x)$ ，有

$$(RS)\int_a^b F_\lambda^- \mathrm{d}g = (RS)\int_a^b h(x)\mathrm{d}g + (RS)\int_a^b w(x)\mathrm{d}g E_\lambda^-$$

$$(RS)\int_a^b F_\lambda^+ \mathrm{d}g = (RS)\int_a^b h(x)\mathrm{d}g + (RS)\int_a^b w(x)\mathrm{d}g E_\lambda^+$$

故 $(RS)\int_a^b F_\lambda^- \mathrm{d}g \leqslant (RS)\int_a^b F_\lambda^+ \mathrm{d}g$.

（2） 当 $0 \leqslant \lambda_1 \leqslant \lambda_2 \leqslant 1$ ，有 $F_{\lambda_2}^-(x) \geqslant F_{\lambda_1}^-(x)$ ， $F_{\lambda_2}^+(x) \leqslant F_{\lambda_1}^+(x)$ ，即
$F_{\lambda_2}(x) \subset F_{\lambda_1}(x)$ ，则

$$(RS)\int_a^b F_{\lambda_1}^-(x)\mathrm{d}g \leqslant (RS)\int_a^b F_{\lambda_2}^-(x)\mathrm{d}g , \quad (RS)\int_a^b F_{\lambda_1}^+(x)\mathrm{d}g \geqslant (RS)\int_a^b F_{\lambda_2}^+(x)\mathrm{d}g ,$$

故 $(RS)\int_a^b F_{\lambda_1}(x)\mathrm{d}g \supset (RS)\int_a^b F_{\lambda_2}(x)\mathrm{d}g$.

（3） 对任意 $\lambda_n \uparrow \lambda \in [0,1]$ ，

$$\bigcap_{n=1}^{+\infty} F_{\lambda_n}(x) = \bigcap_{n=1}^{+\infty} \left[h(x) + w(x)E_{\lambda_n}^-, h(x) + w(x)E_{\lambda_n}^+ \right]$$

$$= \left[h(x) + w(x)E_\lambda^-, h(x) + w(x)E_\lambda^+ \right]$$

$$= F_\lambda(x)$$

也即 $\lim_{n\to\infty} F_{\lambda_n}^- = F_\lambda^-$ ， $\lim_{n\to\infty} F_{\lambda_n}^+ = F_\lambda^+$.

显然有 $F_{\lambda_1}^- \leqslant F_{\lambda_n}^- \leqslant F_{\lambda_n}^+ \leqslant F_{\lambda_1}^+$ ，由单调收敛定理， F_λ^- 和 F_λ^+ 是
Riemann-Stieltjes 可积.

$$\bigcap_{n=1}^{+\infty}[(RS)\int_a^b F_\lambda^-(x)\mathrm{d}g,(RS)\int_a^b F_\lambda^+(x)\mathrm{d}g]$$

$$=[\lim_{n\to\infty}(RS)\int_a^b F_{\lambda_n}^-(x)\mathrm{d}g,(RS)\int_a^b F_{\lambda_n}^+(x)\mathrm{d}g]$$

$$=[(RS)\int_a^b F_\lambda^-\mathrm{d}g,(RS)\int_a^b F_\lambda^+\mathrm{d}g]$$

由定理 6.1.1 得，闭区间簇 $\{[(RS)\int_a^b F_\lambda^-\mathrm{d}g,(RS)\int_a^b F_\lambda^+\mathrm{d}g],\lambda\in[0,1]\}$ 可确定唯一的模糊数.

另一方面，因为 $\widetilde{F}\in N(E_f)$ ，有 $F_\lambda(x)=\left[h(x)+w(x)E_\lambda^-,h(x)+w(x)E_\lambda^+\right]$ ，

$$(FRS)\int_a^b \widetilde{F}\mathrm{d}g = \bigcup_{\lambda\in(0,1]}\lambda[(RS)\int_a^b F_\lambda^-\mathrm{d}g,(RS)\int_a^b F_\lambda^+\mathrm{d}g]$$

$$= \bigcup_{\lambda\in(0,1]}\lambda[(RS)\int_a^b h(x)\mathrm{d}g+(RS)\int_a^b w(x)\mathrm{d}gE_\lambda^-,(RS)\int_a^b h(x)\mathrm{d}g+(RS)\int_a^b w(x)\mathrm{d}gE_\lambda^+]$$

$$= \bigcup_{\lambda\in(0,1]}\lambda[(RS)\int_a^b h(x)\mathrm{d}g+(RS)\int_a^b w(x)\mathrm{d}gE_\lambda]$$

$$=(RS)\int_a^b h(x)\mathrm{d}g+(RS)\int_a^b w(x)\mathrm{d}gE]$$

即 $(FRS)\int_a^b \widetilde{F}\mathrm{d}g \in \widetilde{R}(E)$.

推论 6.1.1 若 $\left(\widetilde{F},g\right)\in FRS[a,b]$ ，则

$$(FRS)\int_a^b \widetilde{F}\mathrm{d}g = (RS)\int_a^b h(x)\mathrm{d}g+(RS)\int_a^b w(x)\mathrm{d}gE .$$

定理 6.1.8 设 $\widetilde{F}\in N(E_f)$ ， g 为 $[a,b]$ 上增实函数.若

$\left(\widetilde{F},g\right)\in FRS[a,b]$ ， $c\in R^+$ ，则下列事实成立:

（1） $(FRS)\int_a^b \widetilde{F}\mathrm{d}cg$ ， $(FRS)\int_a^c c\widetilde{F}\mathrm{d}g \in FRS[a,b]$ 且

$$(FRS)\int_a^b \widetilde{F}\mathrm{dc}g = (FRS)\int_a^c c\widetilde{F}\mathrm{d}g = c(FRS)\int_a^b \widetilde{F}\mathrm{d}g .$$

（2）若 $\left(\widetilde{F}, g_1\right)$, $\left(\widetilde{F}, g_2\right) \in FRS[a,b]$，则 $(FRS)\int_a^b \widetilde{F}\mathrm{d}(g_1 + g_2)$ 存在，且

$$(FRS)\int_a^b \widetilde{F}\mathrm{d}(g_1 + g_2) = (FRS)\int_a^c \widetilde{F}\mathrm{d}g_1 + (FRS)\int_a^b \widetilde{F}\mathrm{d}g_2 .$$

（3）若 $\left(\widetilde{F}_1, g\right), \left(\widetilde{F}_2, g\right) \in FRS[a,b]$，则 $(FRS)\int_a^b (\widetilde{F}_1 + \widetilde{F}_2)\mathrm{d}g$ 存在，且

$$(FRS)\int_a^b (\widetilde{F}_1 + \widetilde{F}_2)\mathrm{d}g = (FRS)\int_a^c \widetilde{F}_1\mathrm{d}g + (FRS)\int_a^b \widetilde{F}_2\mathrm{d}g .$$

定理 6.1.9　设若 $\widetilde{F} \in N(E_f)$，g 为 $[a,b]$ 上实值增函数．若 $\left(\widetilde{F}, g\right) \in FRS[a,b]$，则对任意 $c \in (a,b)$，有 $\left(\widetilde{F}, g\right) \in FRS[a,c]$ 和 $\left(\widetilde{F}, g\right) \in FRS[c,b]$，且

$$(FRS)\int_a^b \widetilde{F}\mathrm{d}g = (FRS)\int_a^c \widetilde{F}\mathrm{d}g + (FRS)\int_c^b \widetilde{F}\mathrm{d}g .$$

定理 6.1.10　设 $\widetilde{F}_1, \widetilde{F}_2 \in FRS[a,b]$，且 $D(\widetilde{F}_1, \widetilde{F}_2) \in (IRS)[a,b]$，则

$$D[(FRS)\int_a^b \widetilde{F}_1\mathrm{d}g, (FRS)\int_a^b \widetilde{F}_2\mathrm{d}g] \leqslant (RS)\int_a^b D(\widetilde{F}_1, \widetilde{F}_2)\mathrm{d}g$$

证明　$D[(FRS)\int_a^b \widetilde{F}_1\mathrm{d}g, (FRS)\int_a^b \widetilde{F}_2\mathrm{d}g]$

$$= \sup_{\lambda \in [0,1]} \max \left\{ \left| [(FRS)\int_a^b \widetilde{F}_1\mathrm{d}g]_\lambda^- - [(FRS)\int_a^b \widetilde{F}_2\mathrm{d}g]_\lambda^- \right|, \right.$$

$$\left| [(FRS)\int_a^b \widetilde{F}_1 dg]_\lambda^+ - [(FRS)\int_a^b \widetilde{F}_2 dg]_\lambda^+ \right| \Big\}$$

$$= \sup_{\lambda\in[0,1]} \max\left\{ \left|(RS)\int_a^b [(F_1)_\lambda^- - (F_2)_\lambda^-]dg\right|, \left|(RS)\int_a^b [(F_1)_\lambda^+ - (F_2)_\lambda^+]dg\right| \right\}$$

$$= \sup_{\lambda\in[0,1]} \max\left\{ \left|(RS)\int_a^b \left(f_1(x)-f_2(x)+[w_1(x)-w_2(x)]E_\lambda^-\right)dg\right|, \right.$$

$$\left. \left|(RS)\int_a^b \left(f_1(x)-f_2(x)+[w_1(x)-w_2(x)]E_\lambda^-\right)dg\right| \right\}$$

$$\leqslant \sup_{\lambda\in[0,1]} \max\left\{ (RS)\int_a^b \left|f_1(x)-f_2(x)+[w_1(x)-w_2(x)]E_\lambda^-\right|dg, \right.$$

$$\left. (RS)\int_a^b \left|f_1(x)-f_2(x)+[w_1(x)-w_2(x)]E_\lambda^-\right|dg \right\}$$

$$\leqslant \sup_{\lambda\in[0,1]} (RS)\int_a^b \max\left\{ \left|f_1(x)-f_2(x)+[w_1(x)-w_2(x)]E_\lambda^-\right|, \right.$$

$$\left. \left|f_1(x)-f_2(x)+[w_1(x)-w_2(x)]E_\lambda^-\right| \right\}ds$$

$$\leqslant (RS)\int_a^b D(\widetilde{F}_1,\widetilde{F}_2)ds.$$

定理 6.1.11 若 $\widetilde{F}_n, \widetilde{F} \in N_f(E)$ 且 $\widetilde{F}_n, \widetilde{F} \in FRS[a,b]$，$g$ 为 $[a,b]$ 上的增函数.当 $\lim_{n\to\infty} f_n(x) = f(x)$，$\lim_{n\to\infty} w_n(x) = w(x)$ 对任意的 $x\in[a,b]$ 上一致成立时，有

$$\lim_{n\to\infty}(FRS)\int_a^b \widetilde{F}_n(x)dg = (FRS)\int_a^b \widetilde{F}(x)dg.$$

证明 由 $\widetilde{F}_n, \widetilde{F} \in N_f(E)$ 且 $\lim_{n\to\infty} f_n(x)=f(x)$，$\lim_{n\to\infty} w_n(x)=w(x)$ 对任意

146

的 $x \in [a,b]$ 上一致成立.即对任意 $\varepsilon > 0$，得

$$\left| f_n(x) - f(x) \right| < \frac{\varepsilon}{g(b) - g(a)} , \quad \left| w_n(x) - w(x) \right| < \frac{\varepsilon}{g(b) - g(a)} .$$

$$D(\widetilde{F}_n, \widetilde{F}) = \sup_{\lambda \in [0,1]} \max \left\{ \left| (F_n)_\lambda^- - F_\lambda^- \right|, \left| (F_n)_\lambda^+ - F_\lambda^+ \right| \right\}$$

$$= \sup_{\lambda \in [0,1]} \max \left\{ \left| f_n(x) - f(x) + [w_n(x) - w(x)]E_\lambda^- \right|, \left| f_n(x) - f(x) + [w_n(x) - w(x)]E_\lambda^+ \right| \right\}$$

$$\leqslant \sup_{\lambda \in [0,1]} \max \left\{ \left| f_n(x) - f(x) \right| + \left| w_n(x) - w(x) \right| \left| E_\lambda^- \right|, \left| f_n(x) - f(x) \right| + \left| w_n(x) - w(x) \right| \left| E_\lambda^+ \right| \right\}$$

$$\leqslant \frac{\varepsilon}{2(g(b) - g(a))} + \frac{\varepsilon}{2(g(b) - g(a))}$$

$$= \frac{\varepsilon}{(g(b) - g(a))} .$$

由定理 6.1.10 知

$$D\left((FRS)\int_a^b \widetilde{F}_n dg, (FRS)\int_a^b \widetilde{F} dg \right) \leqslant (RS)\int_a^b D(\widetilde{F}_n, \widetilde{F}) dg$$

$$\leqslant (RS)\int_a^b \frac{\varepsilon}{[g(b) - g(a)]} dg$$

$$= \varepsilon .$$

6.2 基于结构元的常系数一阶线性模糊微分方程

本节我们首先给出了基于结构元的模糊值函数的广义 Hukuhara 微分的定义，研究了基于结构元的模糊值函数的广义微分，并讨论了基于结构元的常系数一阶线性模糊微分方程的解，得到了一阶线性模糊微分方程解的结构.

定义 6.2.1　设 $\widetilde{F}(t) \in N(E_f)$.若

（1） $\lim\limits_{h\to 0^+}\dfrac{1}{h}\left(\widetilde{F}(t_0+h)\ominus\widetilde{F}(t_0)\right)=\lim\limits_{h\to 0^+}\dfrac{1}{h}\left(\widetilde{F}(t_0)\ominus\widetilde{F}(t_0-h)\right)=\widetilde{F}'(t_0)$ ，

或

（2） $\lim\limits_{h\to 0^+}\dfrac{1}{-h}\left(\widetilde{F}(t_0)\ominus\widetilde{F}(t_0+h)\right)=\lim\limits_{h\to 0^+}\dfrac{1}{-h}\left(\widetilde{F}(t_0-h)\ominus\widetilde{F}(t_0)\right)=\widetilde{F}'(t_0)$ ，

成立，则称 $\widetilde{F}(t)$ 广义可导.特别地，若 $\widetilde{F}(t)$ 满足（1）式，则称 $\widetilde{F}(t)$ 是 gH_1 可微；若 $\widetilde{F}(t)$ 满足（2）式，则称 $\widetilde{F}(t)$ 是 gH_2 可微.

定理 6.2.1 设 $\widetilde{F}(t)\in\widetilde{R}(E)$ ，$\widetilde{F}(t)=f(t)+w(t)E$ ，若 $f(t),w(t)$ 是连续的实值函数，$w(t)$ 单调非降，则 $\widetilde{F}(t)$ 是 gH_1 可微，且 $\widetilde{F}'(t)=f'(t)+w'(t)E$ ，

$$\left[\widetilde{F}'(t)\right]_\lambda=\left[f'(t)+w'(t)E_\lambda^-,\ f'(t)+w'(t)E_\lambda^+\right].$$

证明 由 $\widetilde{F}(t)=f(t)+w(t)E$ ，得 $\left[\widetilde{F}(t)\right]_\lambda=\left[f(t)+w(t)E_\lambda^-,\ f(t)+w(t)E_\lambda^+\right]$ ，

再根据 $w(t)$ 是实值非负且单调非降函数，可得 $len\left(\left[\widetilde{F}(t)\right]_\lambda\right)$ 单调非降，故 $\widetilde{F}(t_0+h)\ominus\widetilde{F}(t_0)$ 存在，且

$$D\left(\frac{\widetilde{F}(t_0+h)\ominus\widetilde{F}(t_0)}{h},\ \widetilde{F}'(t_0)\right)$$

$$=\sup_{0\leqslant\lambda\leqslant 1}\max\left\{\left|\frac{[\widetilde{F}(t_0+h)]_\lambda^- -[\widetilde{F}(t_0)]_\lambda^-}{h}-[\widetilde{F}'(t_0)]_\lambda^-\right|,\ \left|\frac{[\widetilde{F}(t_0+h)]_\lambda^+ -[\widetilde{F}(t_0)]_\lambda^+}{h}-[\widetilde{F}'(t_0)]_\lambda^+\right|\right\}$$

$$=\sup_{0\leqslant\lambda\leqslant 1}\max\left\{\left|\frac{f(t_0+h)-f(t_0)+(w(t_0+h)-w(t_0))E_\lambda^-}{h}-[\widetilde{F}'(t_0)]_\lambda^-\right|,\right.$$

$$\left.\left|\frac{f(t_0+h)-f(t_0)+(w(t_0+h)-w(t_0))E_\lambda^+}{h}-[\widetilde{F}'(t_0)]_\lambda^+\right|\right\},$$

再根据定义 7.2.1 得

$$\lim_{h \to 0^+} \frac{f(t_0+h)-f(t_0)+(w(t_0+h)-w(t_0))E_\lambda^-}{h} = [\widetilde{F}'(t_0)]_\lambda^-,$$

$$\lim_{h \to 0^+} \frac{f(t_0+h)-f(t_0)+(w(t_0+h)-w(t_0))E_\lambda^+}{h} = [\widetilde{F}'(t_0)]_\lambda^+,$$

同理可证,

$$\lim_{h \to 0^+} \frac{f(t_0)-f(t_0-h)+(w(t_0)-w(t_0-h))E_\lambda^-}{h} = [\widetilde{F}'(t_0)]_\lambda^-,$$

$$\lim_{h \to 0^+} \frac{f(t_0)-f(t_0-h)+(w(t_0)-w(t_0-h))E_\lambda^+}{h} = [\widetilde{F}'(t_0)]_\lambda^+,$$

也即

$$f'(t_0)+w'(t_0)E_\lambda^- = [\widetilde{F}'(t_0)]_\lambda^-,$$

$$f'(t_0)+w'(t_0)E_\lambda^+ = [\widetilde{F}'(t_0)]_\lambda^+,$$

结论得证.

定理 6.2.2 设 $\widetilde{F}(t) \in \widetilde{R}(E)$, $\widetilde{F}(t) = f(t)+w(t)E$, 若 $f(t), w(t)$ 是连续的实值函数, $w(t)$ 单调非增, 则 $\widetilde{F}(t)$ 是 gH_2 可微, 且

$$\widetilde{F}'(t) = f'(t)+(-1)w'(t)E ,$$

$$\left[\widetilde{F}'(t) \right]_\lambda = \left[f'(t)+w'(t)E_\lambda^+, f'(t)+w'(t)E_\lambda^- \right].$$

证明 由 $\widetilde{F}(t) = f(t)+w(t)E$, 得

$$\left[\widetilde{F}(t) \right]_\lambda = \left[f(t)+w(t)E_\lambda^-, f(t)+w(t)E_\lambda^+ \right],$$

再根据 $w(t)$ 是实值非负且单调非增函数，可得 $len\left(\left[\widetilde{F}(t)\right]_\lambda\right)$ 单调非增，

故 $\widetilde{F}(t_0) \,!\, \widetilde{F}(t_0 - h)$ 存在，且

$$D\left(\frac{\widetilde{F}(t_0) \,!\, \widetilde{F}(t_0 + h)}{-h}, \quad \widetilde{F}'(t_0)\right)$$

$$= \sup_{0 \leqslant \lambda \leqslant 1} \max\left\{\left|\frac{[\widetilde{F}(t_0)]_\lambda^+ - [\widetilde{F}(t_0 + h)]_\lambda^+}{-h} [\widetilde{F}'(t_0)]_\lambda^-\right|, \left|\frac{[\widetilde{F}(t_0)]_\lambda^- - [\widetilde{F}(t_0 + h)]_\lambda^-}{-h} [\widetilde{F}'(t_0)]_\lambda^+\right|\right\}$$

$$= \sup_{0 \leqslant \lambda \leqslant 1} \max\left\{\left|\frac{f(t_0) - f(t_0 + h) + (w(t_0) - w(t_0 + h))E_\lambda^+}{-h} - [\widetilde{F}'(t_0)]_\lambda^-\right|,\right.$$

$$\left.\left|\frac{f(t_0) - f(t_0 + h) + (w(t_0) - w(t_0 + h))E_\lambda^-}{-h} - [\widetilde{F}'(t_0)]_\lambda^+\right|\right\}$$

再根据定义 6.2.1 得

$$\lim_{h \to 0^+} \frac{f(t_0) - f(t_0 + h) + (w(t_0) - w(t_0 + h))E_\lambda^+}{-h} = [\widetilde{F}'(t_0)]_\lambda^-,$$

$$\lim_{h \to 0^+} \frac{f(t_0) - f(t_0 + h) + (w(t_0) - w(t_0 + h))E_\lambda^-}{-h} = [\widetilde{F}'(t_0)]_\lambda^+,$$

同理可证，

$$\lim_{h \to 0^+} \frac{f(t_0 - h) - f(t_0) + (w(t_0 - h) - w(t_0))E_\lambda^-}{-h} = [\widetilde{F}'(t_0)]_\lambda^-,$$

$$\lim_{h \to 0^+} \frac{f(t_0 - h) - f(t_0) + (w(t_0 - h) - w(t_0))E_\lambda^+}{-h} = [\widetilde{F}'(t_0)]_\lambda^+,$$

也即

$$f'(t_0) + w'(t_0)E_\lambda^+ = [\widetilde{F}'(t_0)]_\lambda^-,$$

$$f'(t_0) + w'(t_0)E_\lambda^- = [\widetilde{F}'(t_0)]_\lambda^+,$$

结论得证.

例 6.2.1 （1） 设 $\widetilde{F}(t) = t^2 + e^t \cdot E$ 是由模糊结构元 E 生成的模糊值函数，由于是 $t \to e^t$ 是实值单调递增函数，根据定理 6.2.1 可得 $\widetilde{F}(t)$ 是 H_1 可微，进而有 $\left(\widetilde{F}(t)\right)' = 2t + e^t \cdot E$ ，且

$$\left[\widetilde{F}'(t)\right]_\lambda = \left[2t + e^t \cdot E_\lambda^-, 2t + e^t \cdot E_\lambda^+\right].$$

（2） 设 $\widetilde{F}(t) = t^2 + e^{-t} \cdot E$ 是由模糊结构元 E 生成的模糊值函数，由于是 $t \to e^{-t}$ 是实值单调递减函数，根据定理 6.2.2 可得 $\widetilde{F}(t)$ 是 H_2 可微，进而有 $\left(\widetilde{F}(t)\right)' = 2t + (-1)e^{-t} \cdot E$ ，且

$$\left[\widetilde{F}'(t)\right]_\lambda = \left[2t - e^{-t} \cdot E_\lambda^-, 2t - e^{-t} \cdot E_\lambda^+\right].$$

定理 6.2.3 设 $\widetilde{F}(t), \widetilde{G}(t)$ 是由同一模糊结构元 E 生成的模糊值函数，其中 $\widetilde{F}(t) = f(t) + w_1(t) \cdot E$ ， $\widetilde{G}(t) = g(t) + w_2(t) \cdot E$ ，若 $w_1(t)$ 和 $w_2(t)$ 是可导的实值函数，则 $\widetilde{F}(t), \widetilde{G}(t)$ 广义可微，进而

（1） 若 $w_1'(t)w_2'(t) \geq 0$ ，则 $(\widetilde{F} + \widetilde{G})'(t) = \widetilde{F}'(t) + \widetilde{G}'(t)$ ；

（2） 若 $w_1'(t)w_2'(t) \geq 0$ ， $(w_1'(t))^2 \geq w_1'(t)w_2'(t)$ ，则

$$(\widetilde{F} \,!\, \widetilde{G})'(t) = \widetilde{F}'(t) \,!\, \widetilde{G}'(t).$$

证明 （1） 当 $w_1'(t) \geq 0$ ， $w_2'(t) \geq 0$ 时，由定理 6.2.1 知 $\widetilde{F}(t)$ 和 $\widetilde{G}(t)$ 是 gH_1 可微，且

$$\widetilde{F}'(t)=f'(t)+w_1'(t)E\ ,\quad \widetilde{G}'(t)=g'(t)+w_2'(t)E\ .同理可得(\widetilde{F}+\widetilde{G})(t)是$$

gH_1 可微，且有

$$(\widetilde{F}+\widetilde{G})'(t)=(f(t)+g(t))'+(w_1(t)+w_2(t))'E$$
$$=f'(t)+g'(t)+w_1'(t)E+w_2'(t)E$$
$$=\widetilde{F}'(t)+\widetilde{G}'(t).$$

当 $w_1'(t)\leqslant0$，$w_2'(t)\leqslant0$ 时，由定理 6.2.2 知 $\widetilde{F}(t)$ 和 $\widetilde{G}(t)$ 是 gH_2 可微，且

$$\widetilde{F}'(t)=f'(t)+(-1)w_1'(t)E\ ,\quad \widetilde{G}'(t)=g'(t)+(-1)w_2'(t)E\ .$$

同理可得 $(\widetilde{F}+\widetilde{G})(t)$ 是 gH_2 可微，且有

$$(\widetilde{F}+\widetilde{G})'(t)=(f(t)+g(t))'+(-1)(w_1(t)+w_2(t))'E$$
$$=f'(t)+g'(t)+(-1)w_1'(t)E+(-1)w_2'(t)E$$
$$=\widetilde{F}'(t)+\widetilde{G}'(t).$$

（2）由 $w_1'(t)w_2'(t)\geqslant0$，$(w_1'(t))^2\geqslant w_1'(t)w_2'(t)$，可得 $w_1'(t)\geqslant0$，$w_2'(t)\geqslant0$，$w_1'(t)-w_2'(t)\geqslant0$ 或 $w_1'(t)\leqslant0$，$w_2'(t)\leqslant0$，$w_1'(t)-w_2'(t)\leqslant0$.

当 $w_1'(t)\geqslant0$，$w_2'(t)\geqslant0$，$w_1'(t)-w_2'(t)\geqslant0$ 时，可得 $(\widetilde{F}!\ \widetilde{G})(t)$ 是 gH_1 可微，且

$$(\widetilde{F}!\ \widetilde{G})'(t)=(f(t)-g(t))'+(w_1(t)-w_2(t))'E$$
$$=f'(t)-g'(t)+w_1'(t)E-w_2'(t)E$$
$$=\widetilde{F}'(t)!\ \widetilde{G}'(t).$$

当 $w_1'(t)\leqslant0$，$w_2'(t)\leqslant0$，$w_1'(t)-w_2'(t)\leqslant0$ 时，可得 $(\widetilde{F}!\ \widetilde{G})(t)$ 是 gH_2 可

微，且

$$(\widetilde{F} ! \widetilde{G})'(t) = (f(t)-g(t))' + (-1)(w_1(t)-w_2(t))'E$$
$$= f'(t) - g'(t) - w_1'(t)E + w_2'(t)E$$

$$= \widetilde{F}'(t) ! \widetilde{G}'(t).$$

例 6.2.2 （1）设 $\widetilde{F}(t), \widetilde{G}(t)$ 是由同一模糊结构元 E 生成的模糊值函数，其中 $\widetilde{F}(t) = t + e^t \cdot E$ ， $\widetilde{G}(t) = t^2 + e^{2t} \cdot E$ ，由定理 6.2.1 知 $\widetilde{F}(t), \widetilde{G}(t)$ 广义可微，且 $\left(\widetilde{F}(t)\right)' = 1 + e^t \cdot E$ ， $\left(\widetilde{G}(t)\right)' = 2t + 2e^{2t} \cdot E$ ，由定理 6.2.3 可知 $(\widetilde{F}+\widetilde{G})(t)$ 广义可微，且有

$$(\widetilde{F}+\widetilde{G})'(t) = (1+2t) + (e^t + 2e^{2t}) \cdot E.$$

（2） 设 $\widetilde{F}(t), \widetilde{G}(t)$ 是由同一模糊结构元 E 生成的模糊值函数，其中 $\widetilde{F}(t) = t + e^t \cdot E$ ， $\widetilde{G}(t) = t^2 + t \cdot E$ ，由定理 6.2.1 知 $\widetilde{F}(t), \widetilde{G}(t)$ 广义可微，且 $\left(\widetilde{F}(t)\right)' = 1 + e^t \cdot E$ ， $\left(\widetilde{G}(t)\right)' = 2t + E$ ，由定理 6.2.3 可知 $(\widetilde{F} ! \widetilde{G})(t)$ 广义可微，且有

$$(\widetilde{F} ! \widetilde{G})'(t) = (1+2t) + (e^t - t) \cdot E.$$

下面讨论常系数一阶线性模糊微分方程，

$$\begin{cases} \widetilde{y}'(t) + m\widetilde{y}(t) = \widetilde{F}(t), \\ y(0) = y_0 \in \widetilde{R}(E), \end{cases} \tag{*}$$

其中 $\widetilde{y}(t) = y(t) + w(t)E, \widetilde{F}(t) = f(t) + g(t)E$.

（1） 当 $m \geq 0$ ，若 $y(t)$ 是 gH_1 可微，则(*)式等价于

$$[y'(t) + w'(t)E_\lambda^-, y'(t) + w'(t)E_\lambda^+] + m[y(t) + w(t)E_\lambda^-, y(t) + w(t)E_\lambda^+]$$
$$= [f(t) + g(t)E_\lambda^-, f(t) + g(t)E_\lambda^+]$$

也即

$$\begin{cases} y'(t) + my(t) = f(t), \\ w'(t) + mw(t) = g(t), \end{cases}$$

解得

$$y(t) = e^{-mt}\left(y_0 + \int_0^t e^{m\tau} f(\tau) d\tau\right),$$

$$w(t) = e^{m\tau}\left(w_0 - \int_0^t e^{-m\tau} g(\tau) d\tau\right).$$

定理 6.2.4 设 $\tilde{y}(t) = y(t) + w(t)E$，$y(t), w(t)$ 是连续的实值函数，且 $w(t)$ 单调非降，

若 $h(t) = e^{-mt}\left(w_0 + \int_0^t e^{m\tau} g(\tau) d\tau\right)$ 单调非减，则 $\tilde{y}(t)$ 是 gH_1 可微，且 $\tilde{y}(t)$

是 (*) 式的解，其中 $\tilde{y}(t) = e^{-mt}\left(y_0 + \int_0^t e^{m\tau} f(\tau) d\tau\right) + e^{m\tau}\left(w_0 + \int_0^t e^{m\tau} g(\tau) d\tau\right)E$.

（2）当 $m \geqslant 0$，若 $y(t)$ 是 H_2 可导，则 (*) 式等价于

$$[y'(t) + w'(t)E_\lambda^+, y'(t) + w'(t)E_\lambda^-] + m[y(t) + w(t)E_\lambda^-, y(t) + w(t)E_\lambda^+]$$

$$= [f(t) + g(t)E_\lambda^-, f(t) + g(t)E_\lambda^+]$$

也即

$$\begin{cases} y'(t) + my(t) = f(t), \\ w'(t) - mw(t) = -g(t), \end{cases}$$

解得

$$y(t) = e^{-mt}\left(y_0 + \int_0^t e^{m\tau} f(\tau) d\tau\right),$$

$$w(t) = e^{m\tau}\left(w_0 - \int_0^t e^{-m\tau} g(\tau) d\tau\right).$$

定理 6.2.5 设 $\tilde{y}(t) = y(t) + w(t)E$，$y(t), w(t)$ 是连续的实值函数，且 $w(t)$ 单调非增，若 $h(t) = e^{m\tau}\left[w_0 - \int_0^t e^{-m\tau} g(\tau) d\tau\right]$ 非负且单调非增，则 $\tilde{y}(t)$ 是

gH_2 可微，且 $\tilde{y}(t)$ 是 (*)式的解，其中

$$\tilde{y}(t) = e^{-mt}\left(y_0 + \int_0^t e^{m\tau}f(\tau)\mathrm{d}\tau\right) + e^{m\tau}\left(w_0 - \int_0^t e^{-m\tau}g(\tau)\mathrm{d}\tau\right)E.$$

当 $m \leqslant 0$ 时，(*)式解的讨论与上面类似，文中省略.

6.3 基于结构元的模糊值 Caputo 分数阶微分方程

本节我们首先给出了基于结构元的模糊值 Riemann-Liouville 分数阶积分的定义，讨论了其性质.其次，借助于广义模糊微分研究了模糊值 Caputo 分数阶微分，给出了其存在的充分条件，并讨论了模糊值 Caputo 分数阶微分和模糊值 Riemann-Liouville 分数阶积分之间的关系.最后，讨论了常系数一阶线性模糊值 Caputo 分数阶微分方程，并借助于实值 Laplace 变换给出了其解的具体形式.

首先介绍实值 Riemann-Liouville 分数阶积分.若实值函数 $\varphi \in L[a, b]$，将 φ 的 $\alpha \in [0, 1]$ 阶 Riemann-Liouville 分数阶积分定义为：

$$I_{a^+}^{a}\varphi(t) = \frac{1}{\Gamma(a)}\int_a^t (t-s)^{a-1}\varphi(s)\mathrm{d}s, \quad \forall\, t \in [a, b].$$

以上述定义类似，下面给出模糊值 Riemann-Liouville 分数阶积分的定义：

定义 6.3.1 对任意 $F(t) \in N(E_f)$，记 F 的 $\alpha \in [0, 1]$ 阶模糊值 Riemann-Liouville 分数阶积分为：

$$I_{a^+}^{a}F(t) = \frac{1}{\Gamma(a)}\int_a^t (t-s)^{a-1}F(s)\mathrm{d}s, \quad \forall\, t \in [a, b].$$

定理 6.3.1 设 $F(t), G(t) \in N(E_f)$，且 $F(t) = f(t) + w(t)E$，对任意 $a \leqslant t \leqslant b$，$a \in [0,1]$ 有

（1） $I_{a^+}^{\alpha}F(t) = I_{a^+}^{\alpha}f(t) + I_{a^+}^{\alpha}w(t) \cdot E$；

（2） $I_{a^+}^{\alpha}I_{a^+}^{\beta}F(t) = I_{a^+}^{\alpha+\beta}F(t)$；

（3） $I_{a^+}^\alpha (F(t) + G(t)) = I_{a^+}^\alpha F(t) + I_{a^+}^\alpha G(t)$.

证明 不失一般性,只证明（1）式.对任意 $a \leqslant t \leqslant b$, $a \in [0,1]$, 由定义 7.3.1 可得

$$I_{a^+}^a F(t) = \frac{1}{\Gamma(a)} \int_a^t (t-s)^{a-1} [f(s) + w(s) \cdot E] ds$$

$$= \frac{1}{\Gamma(a)} \int_a^t (t-s)^{a-1} f(s) ds + \frac{1}{\Gamma(a)} \int_a^t (t-s)^{a-1} w(s) ds \cdot E$$

$$= I_{a^+}^a f(t) + I_{a^+}^a w(t) \cdot E .$$

推论 6.3.1 设 $F(t) \in N(E_f)$, $F(t) = f(t) + w(t)E$, 对任意 $a \leqslant t \leqslant b$, $\alpha \in [0,1]$有

$$\left(I_{0^+}^\alpha F(t) \right)_\lambda = [I_{a^+}^\alpha f(t) + I_{a^+}^\alpha w(t) \cdot E_\lambda^-, I_{a^+}^\alpha f(t) + I_{a^+}^\alpha w(t) \cdot E_\lambda^+] .$$

例 6.3.1 设 $F(t) = t + e^t \cdot E$, 则由定理 6.3.1 可得

$$I_{0^+}^\alpha F(t) = I_{0^+}^\alpha t + I_{0^+}^\alpha e^t \cdot E = \frac{1}{\Gamma(2-a)} t^{1-\alpha} + t^{-\alpha} E_{1,1-\alpha}(t) \cdot E ,$$

进一步有

$$\left(I_{0^+}^\alpha F(t) \right)_\lambda = \left[\frac{1}{\Gamma(2-a)} t^{1-\alpha} + t^{-\alpha} E_{1,1-\alpha}(t) \cdot E_\lambda^-, \frac{1}{\Gamma(2-a)} t^{1-\alpha} + t^{-\alpha} E_{1,1-\alpha}(t) \cdot E_\lambda^+ \right]$$

现在介绍实值 Caputo 分数阶微分.若实值函数 $\varphi \in L[a,b]$, 将 φ 的 $a \in [0,1]$ 阶 Caputo 分数阶微分定义为:

$$D_{a^+}^\alpha \varphi(t) = \frac{1}{\Gamma(1-a)} \int_a^t (t-s)^{-a} \varphi'(s) ds , \quad \forall\, t \in [a,b].$$

以上述定义类似,下面给出模糊值 Caputo 分数阶微分的定义:

定义 6.3.2 对任意 $F(t) \in N(E_f)$, 记 F 的 $a \in [0,1]$阶模糊值 Caputo 分数阶微分为:

$$D_{a^+}^a F(t) = \frac{1}{\Gamma(1-a)} \int_a^t (t-s)^{-a} F'(s) \mathrm{d}s \ , \quad \forall\, t \in [a,b],$$

简称 $gH-$Caputo 分数阶微分，其中 $F'(t)$ 表示广义可微.特别地，若 $F'(t)$ 表示 gH_1 可微,则称之为 gH_1-Caputo 分数阶微分；若 $F'(t)$ 表示 gH_2 可微，称之为 gH_2-Caputo 分数阶微分.

定理 6.3.2 设 $F(t) \in N(E_f)$ ，$F(t) = f(t) + w(t)E$ ，则对任意 $a \leqslant t \leqslant b$，$\alpha \in [0,1]$有

（1）若 $w(t)$ 单调递增，则 F 是 gH_1-Caputo 可微，且
$$\mathrm{D}_{a^+}^{\alpha} F(t) = \mathrm{D}_{a^+}^{\alpha} f(t) + \mathrm{D}_{a^+}^{\alpha} w(t) \cdot E\ ;$$

（2）若 $w(t)$ 单调递减，则 F 是 gH_2-Caputo 可微，且
$$\mathrm{D}_{a^+}^{\alpha} F(t) = \mathrm{D}_{a^+}^{\alpha} f(t) + (-1)\mathrm{D}_{a^+}^{\alpha} w(t) \cdot E\ .$$

证明 （1）若 $w(t)$ 单调递增，可得 $F'(t) = f'(t) + w'(t)E$ ，对任意 $a \leqslant t \leqslant b$，$a \in [0,1]$有

$$D_{a^+}^{\alpha} F(t) = \frac{1}{\Gamma(1-a)} \int_a^t (t-s)^{-a} [f'(t) + (-1)w'(t)E] \mathrm{d}s$$

$$= \frac{1}{\Gamma(1-\alpha)} \int_a^t (t-s)^{-\alpha} f'(t) \mathrm{d}s + \frac{1}{\Gamma(1-a)} \int_a^t (t-s)^{-\alpha} w'(t) \mathrm{d}s \cdot E$$

$$= D_{a^+}^{\alpha} f(t) + D_{a^+}^{\alpha} w(t) \cdot E.$$

（2）若 $w(t)$ 单调递增，可得 $F'(t) = f'(t) + (-1)w'(t)E$ ，对任意 $a \leqslant t \leqslant b$，$\alpha \in [0,1]$有

$$D_{a^+}^{\alpha} F(t) = \frac{1}{\Gamma(1-a)} \int_a^t (t-s)^{-a} [f'(t) + w'(t)E] \mathrm{d}s$$

$$= \frac{1}{\Gamma(1-\alpha)} \int_a^t (t-s)^{-\alpha} f'(t) \mathrm{d}s + (-1)\frac{1}{\Gamma(1-a)} \int_a^t (t-s)^{-\alpha} w'(t) \mathrm{d}s \cdot E$$

$$= D_{a^+}^{\alpha} f(t) + (-1) D_{a^+}^{\alpha} w(t) \cdot E .$$

推论 6.3.2 设 $F(t) \in N(E_f)$ ，$F(t) = f(t) + w(t)E$ ，对任意 $a \leqslant t \leqslant b$ ，$a \in [0,1]$ 有

（1） 若 $w(t)$ 单调递增，则

$$(D_{a^+}^{\alpha} F(t))_\lambda = [D_{a^+}^{\alpha} f(t) + D_{a^+}^{\alpha} w(t) \cdot E_\lambda^-, D_{a^+}^{\alpha} f(t) + D_{a^+}^{\alpha} w(t) \cdot E_\lambda^+] ;$$

（2） 若 $w(t)$ 单调递减，则

$$(D_{a^+}^{\alpha} F(t))_\lambda = [D_{a^+}^{\alpha} f(t) + D_{a^+}^{\alpha} w(t) \cdot E_\lambda^+, D_{a^+}^{\alpha} f(t) + D_{a^+}^{\alpha} w(t) \cdot E_\lambda^-] .$$

定理 6.3.3 设 $F(t), G(t)$ 是由同一模糊结构元 E 生成的模糊值函数，记 $F(t) = f(t) + w_1(t)E$ ，$G(t) = g(t) + w_2(t)E$ ，下列事实成立：

（1） 若 $w_1'(t) w_2'(t) \geqslant 0$ ，则 $D_{a^+}^{\alpha}(F+G)(t) = D_{a^+}^{\alpha} F(t) + D_{a^+}^{\alpha} G(t)$ ；

（2） 若 $w_1'(t) w_2'(t) \geqslant 0$ ，$(w_1'(t))^2 \geqslant w_1'(t) w_2'(t)$ ，则

$$D_{a^+}^{\alpha}(F ! G)(t) = D_{a^+}^{\alpha} F(t) ! D_{a^+}^{\alpha} G(t) .$$

证明 （1） 当 $w_1'(t) \geqslant 0$ ，$w_2'(t) \geqslant 0$ 时，知 $F(t)$ 和 $G(t)$ 是 gH_1 可微，且

$$F'(t) = f'(t) + w_1'(t)E , \quad G'(t) = g'(t) + w_2'(t)E .$$ 同理可得 $(F+G)(t)$ 是 gH_1 可微，且有

$$(F+G)'(t) = (f(t) + g(t))' + (w_1(t) + w_2(t))'E$$
$$= f'(t) + g'(t) + w_1'(t)E + w_2'(t)E$$
$$= F'(t) + G'(t) ,$$

根据定理 6.3.3 可得

$$D_{a^+}^{\alpha}(F+G)(t) = D_{a^+}^{\alpha}(f(t) + g(t))' + D_{a^+}^{\alpha}(w_1(t) + w_2(t))'E$$
$$= D_{a^+}^{\alpha} f(t) + D_{a^+}^{\alpha} g(t) + D_{a^+}^{\alpha} w_1(t) + D_{a^+}^{\alpha} w_2(t) \cdot E$$
$$= D_{a^+}^{\alpha} F(t) + D_{a^+}^{\alpha} G(t) ;$$

当 $w_1'(t) \leqslant 0$ ，$w_2'(t) \leqslant 0$ ，时，知 $F(t)$ 和 $G(t)$ 是 gH_2 可微，且

$$F'(t) = f'(t) + (-1)w_1'(t)E \ , \quad G'(t) = g'(t) + (-1)w_2'(t)E \ . 同理可得$$

$(F + G)(t)$ 是 gH_2 可微，且有

$$(F + G)'(t) = (f(t) + g(t))' + (-1)(w_1(t) + w_2(t))'E$$
$$= f'(t) + g'(t) + (-1)w_1'(t)E + (-1)w_2'(t)E$$
$$= F'(t) + G'(t) \ ,$$

根据定理 6.3.3 可得

$$D_{a^+}^{\alpha}(F + G)(t) = D_{a^+}^{\alpha}(f(t) + g(t))' + (-1)D_{a^+}^{\alpha}(w_1(t) + w_2(t))'E$$
$$= D_{a^+}^{\alpha}f(t) + D_{a^+}^{\alpha}g(t) + (-1)D_{a^+}^{\alpha}w_1(t) \cdot E + (-1)D_{a^+}^{\alpha}w_2(t) \cdot E$$
$$= D_{a^+}^{\alpha}F(t) + D_{a^+}^{\alpha}G(t) \ .$$

（2） 由 $w_1'(t)w_2'(t) \geqslant 0$, $(w_1'(t))^2 \geqslant w_1'(t)w_2'(t)$, 可得 $w_1'(t) \geqslant 0$, $w_2'(t) \geqslant 0$,
$w_1'(t) - w_2'(t) \geqslant 0$ 或 $w_1'(t) \leqslant 0$, $w_2'(t) \leqslant 0$, $w_1'(t) - w_2'(t) \leqslant 0$.

当 $w_1'(t) \geqslant 0$, $w_2'(t) \geqslant 0$, $w_1'(t) - w_2'(t) \geqslant 0$ 时， 可得 $(F ! G)(t)$ 是 gH_1
可微，且

$$(F ! G)'(t) = (f(t) - g(t))' + (w_1(t) - w_2(t))'E$$
$$= f'(t) - g'(t) + w_1'(t)E - w_2'(t)E$$
$$= F'(t) ! G'(t) \ ,$$

进而有

$$D_{a^+}^{\alpha}(F ! G)(t) = D_{a^+}^{\alpha}(f(t) - g(t))' + D_{a^+}^{\alpha}(w_1(t) - w_2(t))'E$$
$$= D_{a^+}^{\alpha}f(t) - D_{a^+}^{\alpha}g(t) + D_{a^+}^{\alpha}w_1(t) - D_{a^+}^{\alpha}w_2(t) \cdot E$$
$$= D_{a^+}^{\alpha}F(t) ! D_{a^+}^{\alpha}G(t) \ ;$$

当 $w_1'(t) \leqslant 0$, $w_2'(t) \leqslant 0$, $w_1'(t) - w_2'(t) \leqslant 0$ 时，可得 $(F ! G)(t)$ 是 gH_2 可
微，且

$$(F ! G)'(t) = (f(t) - g(t))' + (-1)(w_1(t) - w_2(t))'E$$
$$= f'(t) - g'(t) - w_1'(t)E + w_2'(t)E$$

$$= F'(t) \mathop{!} G'(t) \,,$$

进而有

$$D_{a^+}^{\alpha}(F \mathop{!} G)(t) = D_{a^+}^{\alpha}(f(t) - g(t))' + (-1)D_{a^+}^{\alpha}(w_1(t) - w_2(t))'E \,,$$

$$= D_{a^+}^{\alpha}f(t) - D_{a^+}^{\alpha}g(t) - D_{a^+}^{\alpha}w_1(t) + D_{a^-}^{\alpha}w_2(t) \cdot E \,,$$

$$= D_{a^+}^{\alpha}F(t) \mathop{!} D_{a^+}^{\alpha}G(t) \,.$$

例 6.3.2 设 $F(t) = t + e^t \cdot E$ ，则由定理 6.3.1 可得

$$I_{0^+}^{\alpha}F(t) = I_{0^+}^{\alpha}t + I_{0^-}^{\alpha}e^t \cdot E = \frac{1}{\Gamma(2-\alpha)}t^{1-\alpha} + t^{-\alpha}E_{1,1-\alpha}(t) \cdot E \,,$$

进一步有

$$\left(I_{0^+}^{\alpha}F(t) \right)_{\lambda} = \left[\frac{1}{\Gamma(2-\alpha)}t^{1-\alpha} + t^{-\alpha}E_{1,1-\alpha}(t) \cdot E_{\lambda}^-, \frac{1}{\Gamma(2-\alpha)}t^{1-\alpha} + t^{-\alpha}E_{1,1-\alpha}(t) \cdot E_{\lambda}^+ \right]$$

例 6.3.3 （1） 设 $F(t) = t + t^3 \cdot E$ ，则由定理 6.3.2 可得

$$D_{0+}^{\frac{1}{2}}F(t) = D_{0+}^{\frac{1}{2}}t + D_{0+}^{\frac{1}{2}}t^3 \cdot E = \frac{2}{\sqrt{\pi}}\sqrt{t} + 3t^{\frac{5}{2}} \cdot E \,,$$

从而有

$$\left(D_{0+}^{\frac{1}{2}}F(t) \right)_{\lambda} = \left[\frac{2}{\sqrt{\pi}}\sqrt{t} + 3t^{\frac{5}{2}}E_{\lambda}^-, \frac{2}{\sqrt{\pi}}\sqrt{t} + 3t^{\frac{5}{2}}E_{\lambda}^+ \right];$$

同理若 $G(t) = 1 + \sqrt{1+t} \cdot E$ ，则

$$D_{0+}^{\frac{1}{2}}G(t) = D_{0+}^{\frac{1}{2}}1 + D_{0+}^{\frac{1}{2}}\sqrt{1+t} \cdot E_{\lambda}^- = \frac{1}{\sqrt{\pi t}} + \frac{\arctan\sqrt{t}}{\sqrt{\pi}} \cdot E \,,$$

从而有

$$\left(D_{0+}^{\frac{1}{2}}G(t) \right)_{\lambda} = \left[\frac{1}{\sqrt{\pi t}} + \frac{\arctan\sqrt{t}}{\sqrt{\pi}}E_{\lambda}^-, \frac{1}{\sqrt{\pi t}} + \frac{\arctan\sqrt{t}}{\sqrt{\pi}}E_{\lambda}^+ \right];$$

（2） 由定理 6.3.3 可得

$$D_{0+}^{\frac{1}{2}}(F(t)+G(t)) = D_{0+}^{\frac{1}{2}}F(t) + D_{0+}^{\frac{1}{2}}G(t) = \frac{2\sqrt{t^3}+1}{\sqrt{\pi t}}\left(3t^{\frac{5}{2}} + \frac{\arctan\sqrt{t}}{\sqrt{\pi}}\right)\cdot E ,$$

$$\left(D_{0+}^{\frac{1}{2}}(F(t)+G(t))\right)_\lambda = \left[\frac{2\sqrt{t^3}+1}{\sqrt{\pi t}} + \left(3t^{\frac{5}{2}} + \frac{\arctan\sqrt{t}}{\sqrt{\pi}}\right)\cdot E_\lambda^-, \frac{2\sqrt{t^3}+1}{\sqrt{\pi t}} + \left(3t^{\frac{5}{2}} + \frac{\arctan\sqrt{t}}{\sqrt{\pi}}\right)\cdot E_\lambda^+\right]$$

定理 6.3.4　设 $F(t)\in N(E_f)$，$F(t)=f(t)+w(t)E$，$F(t)$ 广义可微，对任意 $a\leqslant t\leqslant b$，$a\in[0,1]$，如下事实成立：

（1）　若 $w(t)$ 单调递增，则 $I_{a+}^a D_{a+}^a F(t) = F(t)! F(a)$；

（2）　若 $w(t)$ 单调递减，则 $I_{a+}^a D_{a+}^a F(t) = I_{a+}^a(D_{a+}^a f(t)) + (-1)I_{a+}^a(D_{a+}^a w(t))\cdot E$.

证明　不失一般性，只证（1）式.若 $w(t)$ 单调递增，由定理 6.3.3 可得

$$D_{a+}^\alpha F(t) = D_{a+}^\alpha f(t) + D_{a+}^\alpha w(t)\cdot E ,$$

进而根据定理 6.3.1 有

$$\begin{aligned}
I_{a+}^\alpha D_{a+}^\alpha F(t) &= I_{a+}^\alpha(D_{a+}^\alpha f(t) + D_{a+}^\alpha w(t)\cdot E)\\
&= I_{a+}^\alpha(D_{a+}^\alpha f(t)) + I_{a+}^\alpha(D_{a+}^\alpha w(t))\cdot E\\
&= f(t) - f(a) + (w(t) - w(a))E\\
&= F(t)! F(a) .
\end{aligned}$$

定理 6.3.5　设 $F(t)\in N(E_f)$，$F(t)=f(t)+w(t)E$，$F(t)$ 广义可微，则对任意 $a\leqslant t\leqslant b$，$a\in[0,1]$，如下事实成立：

（1）　若 $w(t)$ 是单调递增，则 $D_{a+}^a I_{a+}^a F(t) = F(t)$；

（2）若 $t\to\int_a^t(t-s)^{a-1}w(s)\mathrm{d}s$ 单调递减，则 $D_{a+}^a I_{a+}^a F(t) = f(t) + (-1)w(t)\cdot E$.

证明　不失一般性，只证（1）式.因为 $w(t)$ 单调递增，可以证明 $t\to\int_a^t(t-s)^{a-1}w(s)\mathrm{d}s$ 单调递增，再由定理 6.3.1 可得 $I_{a+}^a F(t) = I_{a+}^a f(t) + I_{a+}^a w(t)\cdot E$，从而可得

$$\begin{aligned}
D_{a+}^a I_{a+}^a F(t) &= D_{a+}^a(I_{a+}^a f(t) + I_{a+}^a w(t)\cdot E)\\
&= D_{a+}^a(I_{a+}^a f(t)) + D_{a+}^a(I_{a+}^a w(t))\cdot E\\
&= f(t) + w(t)\cdot E\\
&= f(t)
\end{aligned}$$

下面讨论常系数一阶线性模糊值 Caputo 分数阶微分方程,

$$\begin{cases} D_{a+}^{a} Y(t) + mY(t) = F(t) \\ Y(0) = y_0 \in R(E) \end{cases} \tag{*}$$

其中 $Y(t)=y(t)+w(t)E$, $F(t)=f(t)+w_0E$.

（1） 当 $m \geq 0$，若 $Y(t)$ 是 gH_1-Caputo 可微，由定理 6.3.2 得

$D_{a+}^{a} Y(t) = D_{a+}^{a} y(t) + D_{a+}^{a} w(t) \cdot E$, 则

(*)等价于

$$[D_{a+}^{a} y(t) + D_{a+}^{a} w(t)E_{\lambda}^{+}, D_{a+}^{a} y(t) + D_{a+}^{a} w(t)E_{\lambda}^{+}] + m[y(t) + w(t)E_{\lambda}^{-}, y(t) + w(t)E_{\lambda}^{+}]$$
$$= [y(t) + w_0(t)E_{\lambda}^{-}, y(t) + w_0(t)E_{\lambda}^{+}]$$

也即

$$\begin{cases} D_{a+}^{a} y(t) + my(t) = f(t) \\ D_{a+}^{a} w(t) + mw(t) = +w_0(t) \end{cases}$$

从而可得

$$y(t) = L^{-1}[(s^a + m)^{-1} L[f(t), s]] + L^{-1}[y(0)s^{a-1}(s^a + m)^{-1}] ,$$

$$w(t) = L^{-1}[(s^a + m)^{-1} L[w_0(t), s]] + L^{-1}[w_0(0)s^{a-1}(s^a + m)^{-1}] ,$$

其中 $L[f(t)]$, $L^{-1}[f(t)]$ 分别表示 Laplace 变换和 Laplace 逆变换.

定理 6.3.6 设 $Y(t)=y(t)+w(t)E$, 其中 $y(t)$, $w(t)$ 是连续的实值函数，若 $w(t)$ 单调递增，则 $Y(t)$ 是 gH_1-Caputo 可微，且 $Y(t)$ 是 (*) 式的解，其中

$y(t) = L^{-1}[(s^a + m)^{-1} L[f(t), s]] + L^{-1}[y(0)s^{a-1}(s^a + m)^{-1}] ,$

$$w(t) = L^{-1}[(s^a + m)^{-1} L[w_0(t), s]] + L^{-1}[w_0(0)s^{a-1}(s^a + m)^{-1}].$$

（2） 当 $m \geq 0$，若 $Y(t)$ 是 gH_2-Caputo 可微，由定理 6.3.2 得

$D_{a+}^{a} Y(t) = D_{a+}^{a} y(t) + (-1)D_{a+}^{a} w(t) \cdot E$, 则(*)式等于

$$[D_{a+}^{a} y(t) + D_{a+}^{a} w(t)E_{\lambda}^{+}, D_{a+}^{a} y(t) + D_{a+}^{a} w(t)E_{\lambda}^{-}] + m[y(t) + w(t)E_{\lambda}^{-}, y(t) + w(t)E_{\lambda}^{+}]$$
$$= [y(t) + w_0(t)E_{\lambda}^{-}, y(t) + w_0(t)E_{\lambda}^{+}]$$

也即

$$\begin{cases} D_{a+}^a y(t) + my(t) = f(t) \\ D_{a+}^a w(t) - mw(t) = -w_0(t) \end{cases}$$

解得

$$y(t) = L^{-1}[(s^a + m)^{-1} L[f(t), s]] + L^{-1}[y(0)s^{a-1}(s^a + m)^{-1}],$$

$$w(t) = L^{-1}[(s^a - m)^{-1} L[w_0(t), s]] + L^{-1}[w_0(0)s^{a-1}(s^a - m)^{-1}].$$

定理 6.3.7　设 $Y(t) = y(t) + w(t)E$，且 $y(t)$，$w(t)$ 是连续的实值函数. 若 $w(t)$ 非负且单调递减，则 $Y(t)$ 是 gH_2Caputo 可微，且 $Y(t)$ 是(*)式的解，其中

$$y(t) = L^{-1}[(s^a + m)^{-1} L[f(t), s]] + L^{-1}[y(0)s^{a-1}(s^a + m)^{-1}],$$

$$w(t) = L^{-1}[(s^a - m)^{-1} L[w_0(t), s]] + L^{-1}[w_0(0)s^{a-1}(s^a - m)^{-1}].$$

当 $m \leqslant 0$ 时，(*)式解的讨论与上面类似，文中省略.

参考文献

[1]郭柏灵，蒲学科，黄凤辉.分数阶偏微分方程及其数值解[M].北京：科学出版社，2012.

[2]郭柏灵，蒲学科.随机无穷维动力系统[M].北京：北京航空航天大学出版社，2009.

[3]郭嗣琮，苏志雄，王磊.模糊分析计算中的结构元方法[J].模糊系统与数，2004，18（3）：68-75.

[4]郭嗣琮.基于结构元的模糊数值函数的一般表示方法[J].模糊系统与数学，2005，19（1）：82-86.

[5]郭嗣琮.基于模糊结构元理论的模糊数学分析原理[M].沈阳：东北大学出版社，2004.

[6]郭元伟，吕振伟，闫喜红.基于结构元的模糊值函数R-S积分[J].数学的实践与认识，2021，51（08）：219-226.

[7]郭元伟.基于结构元的常系数一阶线性模糊微分方程[J].山西能源学报（自然科学版），2021（6）：100-102.

[8]郭元伟.区间值Choquet积分及性质[J].山西师范大学学报（自然科学版），2021，35（1）：16-21.

[9]任雪昆.非可加测度与模糊Riemann-Stieltjes积分[D].哈尔滨：哈尔滨工业大学，2008.

[10]王拉省，薛红，聂赞坎.向量值函数的Riemann-Stieltjes积分[J].

数学的实践与认识，2007（37）：129-137.

[11]吴从炘，马明.模糊分析学基础[M].北京：国防工业出版社，1991.

[12]薛红，王拉省.集值函数关于实值单调非减函数的集值 Riemann - Stieltjes 积分[J].工程数学学报，2006（23）：305-313.